U0337508

工业化住宅概念研究与方案设计

Designing Industrialized Housing ： Concepts and Solutions

周静敏　等著

中国建筑工业出版社

图书在版编目（CIP）数据

工业化住宅概念研究与方案设计 / 周静敏等著 . — 北京：中国建筑工业出版社，2018.12

ISBN 978–7–112–22716–7

I. ①工⋯ Ⅱ. ①周⋯ Ⅲ. ①住宅 — 工业化 — 建筑设计 — 研究 Ⅳ. ① TU241

中国版本图书馆 CIP 数据核字（2018）第 217519 号

责任编辑：徐　纺　郑紫嫣
责任校对：王　烨

工业化住宅概念研究与方案设计
周静敏　等著

＊

中国建筑工业出版社出版、发行（北京海淀三里河路 9 号）
各地新华书店、建筑书店经销
北京点击世代文化传媒有限公司制版
北京中科印刷有限公司印刷

＊

开本：889×1194 毫米　1/20　印张：13　字数：206 千字
2019 年 1 月第一版　2019 年 1 月第一次印刷
定价：50.00 元

ISBN 978-7-112-22716-7
（32824）

专家指导小组

组长：窦以德 黄一如 刘东卫

专家：开彦 范悦 邵磊 孙力扬 宋昆 张宏 胡惠琴 邵郁 刘西戈 楚先锋 宋德萱 姚栋 何建清 朱彩清 杨家骥 郭宁 贾丽 伍止超 郝学 魏素巍 娄霓 宋兵 崔青 曹祎杰 佐野裕一 吉田雅德 国吉泰士 姜延达 苏惠林 崔健 樊则森 孙雪夫 徐弋 王乒野 王强 谢雨 钱进

课题研究主要成员

李振宇 苗青 贺永 陈静雯 刘敏 黄杰 王雅娟 薛思雯 肖建莉 司红松 李伟 王懿珏

编写及版式设计主要成员

苗青 伍曼琳 陈静雯 诸梦杰 卫泽华 黄杰 张理奥 公维杰 张淑菁

研究负责及主笔

周静敏

序一

我国现代化建设成就举世瞩目，而作为其中重要组成的建筑业现代化同样是成绩斐然。但相比而言，在工程建设领域，量大而广的住宅建设工业化则并不尽如人意，仅从近年来关于实行预制装配化所出现的问题与争议中即可见一斑。将主要关系施工建造方式和预制装配住宅即视为工业化住宅，其反映出的是对工业化住宅概念认识的片面。依本人浅见，工业化住宅与所谓传统方式建造的住宅相比，除建造方式有所不同外，其住宅产品的属性与基本功能未变，进而随着人类社会生活的演进，生活方式的多样则又被赋予更多的新功能。也正因为如此，当社会生产要求更高的效率，工业化建造方式的提出，其并非要改变住宅的基本功能属性，而是要从住宅建筑产品的构思、设计理念，由表及里、从内到外，在工业化的前提下，重新建构一套新的设计方法，以使新的工业化建造方式与更高的功能要求二者相适应。

工业化建造发源于欧洲，特别是在"第二次世界大战"后的恢复建设中得到了长足发展。若深入研究这段历史，就会发现，如何解决因工业化而出现的"标准化"与居住要求"多样化"之间的矛盾一直是研究与探索的焦点。也正是在这一背景下，SI体系初现端倪并很快得到广泛接纳，乃至传播到日本等东亚地区。SI体系的核心要旨就是要在标准化的主体结构框架建筑空间内，为住宅的使用者提供最大的、可自主改建的居住空间，其不但涉及内部空间布局及装修，还力图使其外貌也各具特色。这一体系在1980年代后还逐步演化出了OB体系，这一体系虽已超出了住宅的范围，但其核心理念仍然是如何使建筑在其生命周期内具有最大的可灵活改造的适应性，而这也与当今人类社会可持续发展的要义相一致。

关于工业化住宅的理念及其发展的历史沿革，在本书前未有作者较系统的归纳、提炼，读后可形成一个清晰的路径。正如前述，国外工业化住宅的研究是与人的生活、对人性尊重的社会理念，并与对更高质量居住生活水平的追求紧密结合，而一些技术体系则是随之而产生并得到发展。这一推动工业化住宅发展的历史经验、发达国家在工业化住宅方面所走过的路径，值得我们借鉴、学习。但使笔者略感遗憾的是，由于近年来似如此较系统介绍国内外工业化住宅的理论研究与实践发展的资料不多，加之可能受篇幅所限，文中还少有对国内外不同技术体系的比较分析、对国内现况的剖析与存在问题的提出与讨论，读后总觉意犹未尽。笔者所以有此感触，系因近年来，国内业界对住宅建筑工业化的讨论日益升温，建设实践也相当火热，但如果从工业化住宅基本理论体系研究的层面考察，则还显得单薄。如此，理论基础不牢，则难于窥见当下实践中的问题几何，对未来发展走向也难于准确把握，从而会影响到中国工业化住宅的健康发展。

本书后半部列举出"1+N"等8个案例，皆是以工业化住宅为题所提出的解决方案。其可贵之处在于项目全非虚拟，而是以上海一开放型商业居住（创业）社区为目标所做方案，其中针对如何解决"标准化"与"多样化"这一矛盾提出多种解决方案，恰正符合工业化住宅的核心要义，值得肯定。

当下对于工业化住宅的工程实践日渐增多，如认真总结必有益处。而笔者更期盼有更多基于深入理论研究并在正确理论指导下的工程实践，相信在这些典范的引导下，中国的工业化住宅建设必将呈现出另一番新气象。

原中国建筑学会副理事长兼秘书长

原住建部勘察设计司副司长

序二

住宅建设与社会经济的发展关联度高，与百姓生活息息相关，事关国家和谐稳定与人民幸福安居。特别是自 21 世纪以来，建筑业的建设活动与自然界之间的矛盾日趋加重，其所产生的高能耗与高污染正在打破人与自然和谐共生的平衡关系。改革开放四十年的中国一直处于一个大量建设而又大量拆除的时代，我国作为世界上既有建筑和每年新建建筑量最大的国家，长期存在着住宅一味追求高速、批量、低品质建设且过度开发的严峻问题，特别是建成之后的既有建筑短寿化这些亟待解决的课题，已经严重制约了中国社会经济与建设的可持续发展。

当前，中国传统住宅业在迈向建筑产业现代化进程中，亟须一种新型生产建造方式的变革转型来改变现状。而与传统生产建造方式相比，建筑工业化的生产建造方式能够培育新产业、新动能、提高劳动生产率、减少资源与能源的消耗、延长建筑寿命、保证建筑工程质量与安全。西方发达国家由于以工业化生产的新型思路完成了建造方式的重大变革，从而建设领域也实现了建筑发展模式的转变和从数量阶段到质量阶段的剧变。

建筑工业化的设计建造是一种观念和体系上的创新，中国住宅建设的理念转变、技术创新、实践突破迫在眉睫，在我国住宅建设可持续发展的历史性转型时期，要实现住宅从传统的建设供给模式到工业化生产方式的根本性转变，研发新型住宅建筑体系与建造集成技术。以建筑工业化设计建造的全面顶层设计创新引领为核心、突出建筑工业化设计建造的完整建筑产品体系集成建筑特点，着眼点是完整建筑产品的预制部品部件的工业化生产、设计、安装和管理方式等，解决实现设计建造方式创新发展的基本问题。同时，由于其创新性的生产建造方式，建筑生产建造全产业链的各方角色需要获得转变，也要改变传统建造模式下每个从业者的基本思路和工作方式，尤其人才教育与培养是紧迫而现实的重大问题。

同济大学周静敏教授作为致力于在住宅领域创新性研究的著名学者，常年坚持在科研和教学的第一线，注重住宅建设发展的理论战略核心问题和方法论研究。周静敏教授长期一直专注于国内外住宅建筑工业化研究，不仅对于住宅工业化理论内涵有着深刻的见解，其持续钻研应用方法及其探索成果更是难能可贵。《工业化住宅概念研究与方案设计》专著，既是同济大学周静敏教授带领的研究团队近十年的研究和教学成果的总结，也是国内建筑工业化领域系统性实践深入研究中，一部具有重要学术价值的专著，期待着它对于建筑工业化理论和战略创新思维产生积极的意义和影响。

本专著由理论研究和实践研究两个部分组成，以对于工业化的理论研究归纳为基础、着力探索了新型住宅工业化建设体系的构成，并以国际化视野对中国住宅建设可持续发展的热点和重点社会问题进行了反思，既有从顶层设计和体系层面进行的思考，也有设计建造方面的思维火花，是一本难得的有启发性的著作。本专著不仅丰富了我国住宅工业化理论研究成果，其意义也在于培养了具有创新思维的建筑师，同时对建筑工业化领域的同仁具有积极的指导和借鉴作用。

衷心希望在建筑界各位同仁的努力下，中国住宅建设能够突破瓶颈，摸索出适合我国国情的工业化模式，实现建筑产业的转型和升级，为千千万万的居住者提供新的住宅供给且面向未来社会的优良资产！

住房和城乡建设部建筑设计标准化委员会主任委员
中国建筑标准设计研究院总建筑师

前言

住宅系于国计民生，改善居住环境、升级建造方法是广大建设者的永恒追求。我国改革开放四十年来，住宅建设保持着高速增长，居住环境和居民生活逐步地得到了极大的提升，随着经济和社会的发展，住宅产业面临着转型升级的严峻考验，发展住宅工业化已经成为业界共识。

转型升级需从体系上进行脱胎换骨。住宅工业化将住宅的各个组成部分在工厂生产、现场装配，从而代替手工作业，实现住宅建设的高效率、高质量、可持续。改变传统的住宅建造方式，推广工业化的方式，可以改变我国住宅建设质量差、事故多、能耗大、污染严重、难以维护等问题，提高住宅的品质。转型升级更是一种贯穿始终的思维方法。工业化生产意味着遵循统一的规则、部品集成需在设计阶段就进行产品选型，而更为重要的是，理解住宅工业化并非作业场所的转移，而是立足于地球资源和环境可持续发展、立足于满足居民当下和未来的需求。近年来国家大力推广住宅工业化，各设计、研发、开发部门也积极响应国家号召，无论是科研课题，还是设计项目、产品开发方面，都涌现出了大批的实验性成果，星星之火俨成燎原之势，每每参观学习，总能获益良多。

笔者对于住宅工业化的接触和研究，始于海外求学和研究时期。笔者硕博期间曾就读于日本千叶大学，对日本于住宅工业化方面吸取西方先进经验深有体会。他们既学习西方，又结合国情糅合出独树一帜的体系，依靠发达的部品产业和精湛的建造工艺，跻身于世界先进水平。之后笔者在英国、加拿大就职期间又接触了欧美先进的住宅工业化建造方式，理解了新的建造方式对可持续发展的意义。及至回国于同济大学任教十年，结合国外的经验和中国的现状，在研究和教学中求索探寻，并获得了两项国家自然科学基金面上项目的资助，此间虽未豁然通达，但摸索良久，汇成一些成果，期望能有所参考。

本书《工业化住宅概念研究与方案设计》，包括理论概述和方案设计两个部分，分别对应着近年来理论研究和教学的总结。理论研究部分针对住宅工业化的历史脉络和理论内涵进行阐述，对国内外的发展历程进行了梳理，并研究了典型案例，剖析了各个阶段的特点。方案设计部分精选历年8个研究型设计方案，运用工业化建筑设计理念，对适老化住区、极限住宅、商住综合、智能建造等社会重点和热点问题进行了思考。从实践的角度看未免有不完善之处，但从出发点到落脚点都将住宅工业化的原理贯穿始终，且对住宅供给、住宅二次改造、产品生产方面均有诸多考虑，可谓稚嫩与闪光并存。

本书适合于高校师生、科研人员、相关政府部门等各界人士，尤其可对思考住宅工业化的原理、内涵和外延有所助益。在本书相关的研究、书稿酝酿和成稿的过程中，有赖诸位前辈、同事、朋友的帮助。窦以德、开彦诸位前辈给予了多方面指教；黄一如作为系列课程策划，对教学给予了强有力的支持；刘东卫等在课题研究过程中进行了极大的帮助；李振宇等在课题研究中起到了很大的作用；贺永、曹祎杰、佐野裕一、吉田雅德、国吉泰士、姜延达、闫英俊、毛安娜等对学生予以了设计指导。特别感谢徐纺在出版选题策划及编辑上的有力指导和帮助，篇幅受限，更多专家学者在顾问、成员名单中一一列出，感恩付出和帮助！

真诚希望我国的住宅工业化研发和实践能够踏实推进，住宅产业早日完成转型升级，居民能住上顺心如意的住房，广厦千万间，居士俱欢颜！

周静敏

同济大学建筑与城市规划学院教授，博导

目录

序一 ………………………………………………… V

序二 ………………………………………………… VII

前言 ………………………………………………… IX

理论概述 …………………………………………… 1

方案设计 …………………………………………… 43

1+N 宅 ……………………………………………… 45

乐活谷 LOHAS ……………………………………… 75

商住进化论 ………………………………………… 101

碎片整理·····························　127

E · HOUSE·····························　151

多核生长·····························　179

W&L 户型融合·····························　199

生长的家·····························　219

理论概述

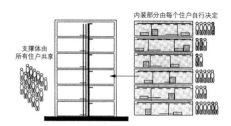

图 1 骨架和可分体

住宅工业化是指运用工业化的方式建造住宅，从而获得传统手工建造方式无可比拟的高质量、高效率、低能耗等优势。住宅工业化的起源可以追溯到一个多世纪以前，19 世纪的工业革命引起了生产方式和生活方式的剧变，也导致了快速的城市化和严重的住房短缺问题，二战之后的房荒则进一步加剧了对住房的需求。严峻的现实问题促使西欧、北美和日本等国将住宅工业化作为一剂良药，快速地建造住宅。随着社会和经济的发展，各国完成了从追求数量到追求品质的转变，住宅建设从单一化走向多样化和开放性，逐渐形成了适合本国的住宅工业化体系。步入新世纪之后，在住宅可持续发展的大背景下，住宅工业化问题又一次成为住宅领域的前沿性课题。如今，住宅工业化不仅仅追求快速建造，还强调运用新的生产方式提高建设效率、降低能耗，获得高品质可持续的住宅。

SAR 理论[1] 诞生于 1960 年代，意为基础建筑研究（Stichting Architect Research），这一理论兼顾了个人选择的多样性和集体的规模化生产，是考虑住宅可以随着时代发展变化而进行灵活改造的理论，并且发展出了开放建筑（Open Building）、SI（Skeleton & Infill）等一系列理论，与住宅建筑设计有很强的相关性，是前沿性和适应性强的工业化住宅设计建造理论，值得进行深入研究和推广。

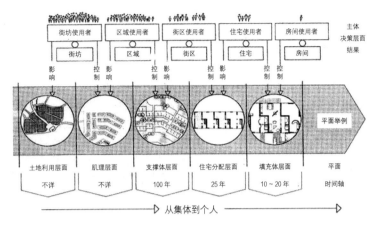

图 2 开放建筑的概念

1961年，针对第二次世界大战以后大量的、千篇一律的住宅建设，荷兰学者哈布拉肯教授（John Habraken）出版了书籍《骨架——大量性住宅的选择（De Dragers en de Mensen：het einde van de massawoningbouw）》，他按照决策层级的不同，将住宅的建设分为两部分：骨架（Support）和可分体（Detachable Units）。骨架是公共性的，为集体所有；可分体由用户决定，具有多样性特征。他认为这种组织方式在现代集合住宅中融入了个体决策权，可能是一种战后大量建设期迷失了的，可以随着时间发生改变的方式。1965年，在哈布拉肯教授的带领下，荷兰成立了建筑研究机构SAR，以"刺激住宅产业化"（stimulate industrialization in housing）[2]。

层级理论（levels）[3]是哈布拉肯教授在骨架可分体的概念基础上进行的理论延伸，他将人居环境分成不同的层级，如城市肌理（Urban Tissue）、支撑体（Support）和填充体（Infill），分别对应着社会、集体、

个人这三个在住宅建设中处于不同地位的主体，各个主体对应着不同层级的责权，这样就能够改变住宅建设的单一和乏味，实现住户参与、以人为本。

SAR在研究与工业化生产相匹配的设计时，提出了"区"（Zone）、"界"（Margin）、"段"（Sector）的概念：建筑按照进深方向被划分为四个区 α、β、γ、δ，界为两个区之间的范围，规定所有纵向隔墙只能设在界内，不许设在区内，因此房间进深最小等于α，最大可达 α+αβ+αγ 或 αδ，还可以有中间几种尺寸。段由一个或两个功能空间组成，一个段可以是一个大房间，也可以是两个小房间或是一个小房间加入口。这样能在标准化的基础上进行灵活性的设计。

1980年代以后，随着石油危机的减退，房地产开发市场开始振兴。在OBOM（Open Bouwen Ontwikkelings Model，意为开放建筑仿真模型）等机构的研究下，SAR的一系列设计和建造方法逐步发展为开放建筑（open

表1 区、界、段的位置和作用

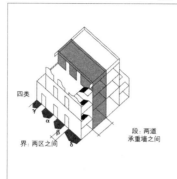

γ 区	公共交通廊	
αγ 界		不确定的外墙边界
α 区	靠外墙有天然采光	居室、厨房和住户入口
αβ 界		进深的灵活延伸区 或者壁柜 / 户内通道 / 楼梯
β 区	靠内部无天然采光	卫生间
αβ 界		进深的灵活延伸区 或者壁柜 / 户内通道 / 楼梯
α 区	靠外墙有天然采光	居室、厨房和住户入口
αδ 界		不确定的外墙边界
δ 区	住户私用室外部分	

building）的理念，还强调未来的灵活改造性，是根植于建成环境的、顺应世代交替规律的理论和设计方法。除了支撑体的技术升级之外，对住宅内装的重视和填充体体系的研发也成为重要特点。1996 年成立了国际建筑与建设研究创新理事会 W104 执行组（CIB Working Commission W104），在世界各地都有专家成员，至今已经在东京、中国香港、中国台北、华盛顿、赫尔辛基、巴黎、北京等地举行过会议，成为开放建筑理论的重要研究阵地，开放建筑的呈现形式也更为多元化。

将 SAR 理论发扬光大的另一个国家是日本，日本不仅深化发展了相关理论，也在实践中进行了全国范围内大量和广泛的应用。

KEP 是 SAR 理论传入日本之后的早期尝试，其全称是"国家统筹试验性住宅计划"KEP（Kodan Experimental Housing Project）[4]，由日本公团于 1973～1981 年开发，在建造系统方面，KEP 体系由 4 个子系统组成，外墙围护系统、内部系统、卫生系统以及通风空调系统，每个子系统都建立了相应的性能规格，要求制造厂商据此开发他们的产品，并在住宅公团的研究中心进行了装配测试[5]。进行了一系列结合日本国情的尝试。

进入 1980 年代，日本社会由大量生产、大量消费向着资源节约型社会发展，日本建设省提出了住宅建设"提升计划"，开展了一项提升住宅耐久性和提高居住机能为目的的综合性住宅供给部品化系统——百年住宅建设系统 CHS（Century Housing System）[6]，CHS 吸纳了 KEP 关于灵活性的思考、标准化部品的装配、用水空间和居室空间的划分等思想；综合了 NPS（New Planning System 即公共住宅设计标准）项目关于标准化和多样化的研究；采用通用部品，进行技术集成和系统升级，形成了一个综合性的建设体系。

由于日本对抗震性能格外关注，相比起"可变部分"、"不可变部分"更能令人接受的是"不变的"、"不需要变也可以"的说法。逐步使得骨架支撑体（Skeleton）代替支撑体

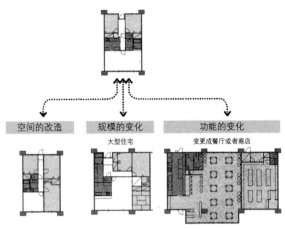

图3　KSI 住宅的灵活性

空间的改造　规模的变化　功能的变化

大型住宅　变更成餐厅或者商店

（Support）沿用下来，在进入 21 世纪前后，逐步将 "支撑体·填充体住宅" 这一概念简化为 "SI 住宅"，SI 分别代表 Skeleton 支撑体和 Infill 填充体。KSI 住宅，是日本 UR 都市机构自 1998 年起开始研发的一种可持续 SI 住宅，其中 K（Kikou）指 UR 都市机构。

KSI 通过构筑高耐久性支撑体和高适应性填充体，提出了四大社会意义：构筑满足资源循环型社会要求的长期耐用型建筑物；对应居住者生活方式的变化进行改变；促进住宅产业的发展和新的供给方式的展开；可持续的高品质的街区的形成，是在技术上和设计上不断追求先进的新世纪 SI 住宅。

日本通过住宅公团（现都市再生机构）等国家研究机构等进行推广，应用范围更广、规模更大，不仅涌现出了一批前瞻性的实验性项目（如 NEXT21 实验住宅），其概念和主要的技术也融合到一般城市集合住宅建设中，得到了广泛的应用。随着社会和时代的发展，契合当代热点问题，与当下的科技社会思潮和居民愿景相结合，SAR 及一系列支撑体和填充体分离的理论得到不断的发展。住宅不再是固定的形体，而是容纳变化的场所，是激发用户行为的平台。

在住宅更新的过程中，通过各级主体主导，在不影响支撑体的情况下对填充体进行更新，从而实现住宅的舒适、耐久、可持续。由于其对多样化需求的追求、对可持续发展的回应、对地球资源和人与环境和谐共生的契合，这一理论成为面向未来的、不断发展变化的理论。

开放建筑理念下的工业化住宅

开放建筑是发源于荷兰的系统化理论，其理论核心发源于对时间和变化、工业化与个人选择的考虑。开放建筑的前身是支撑体住宅理论，这一理论由荷兰学者哈布拉肯提出，并由 SAR、OBOM 等研究机构进行了发展，形成的开放建筑理论涵盖了城市肌理、支撑体、填充体等各个层级，兼具可持续发展的思想。开放建筑理念不局限于住宅，但住宅是其发展历史最长的建筑类型，实践项目也最多。早期的住宅项目以支撑体的发展为主，支撑体住宅理念提出后，得到了广泛的认可，迅速从荷兰扩展到整个欧洲范围，进行了大量的建筑实践，德国、瑞典、瑞士、奥地利均有实践项目建成。从 1980 年代开始，实践项目数量有所减少，但对于以前较为薄弱的填充体部分进行了理论和系统研发，开放建筑的理论也更为完善，并逐步进入了多元化的发展时期。

以下将从开放建筑和城市营建、城市更新中的开放建筑、开放建筑与环境可持续、互联网定制的开放建筑、DIY 开放的立体空间几个角度阐述开放建筑理念下的工业化住宅设计和建造特点。

1. 开放建筑和城市营建

层级理论囊括了从城市到房间、从集体到个人的广泛范畴，开放建筑与以往设计理论的一个很大不同在于将住宅置于城市环境中进行考虑。营建可持续的城市景观是其理论构架中的重要一环。作为开放建筑理论第一个著名建成案例，荷兰的莫利维利特（Molenvliet）住宅区设计蕴含对原有城市环境的呼应和对可持续的街区的思索，至今为

图 4　莫利维利特住宅及其所在的街区

人所称道。

　　1969 年，荷兰帕朋德瑞希特（Papendrecht）举办了一项 2400 套住宅的国家竞赛，建筑师弗兰斯·凡·德·韦夫（Frans van der Welf）在提案中应用了开放建筑理论，赢得了这个竞赛。作为竞赛项目的一个实验性的片段，1977 年建成的莫利维利特住宅区包含 123 套公寓及一些办公室和一个幼儿园，其建筑呈现院落式布局，在样式和色调上，也呼应了传统的荷兰城市住宅，取得了与周围城市环境的协调统一 [7]。

　　支撑体的排列编织成了围合式的街区，与更广范围内的城市肌理相融合。模数化的设计方式使得支撑体具有清晰的结构逻辑：在 4.8m×4.8m 的网格上平行布置 1.4m 长、0.2m 厚的混凝承重墙，其上搭建混凝土楼板

并留出楼梯间和管道井的孔洞，楼梯和室外走廊采用现浇完成。项目有 4 层高，从三层处起坡的坡屋顶倾斜 45°，横跨两个开间，这样可以更有效地利用阁楼空间。一、二层为下层住户，由围合街区的中央庭院进入，可享有一层的小花园；三、四层为上层住户，从中央庭院，经由楼梯通过位于三层的走廊入户，每户拥有一个大平台。另外，支撑体还包括了竖向的管道井，里面容纳了煤气管道、水管、电视和电话线等管线，满足居民的日常需求。

　　在支撑体设计的过程中，建筑师与居民讨论了社区和城市的关系的规划、建筑单体的组织方式等议题，听取了住户的意见。院落式的布局、入户的方式均参照了荷兰传统住宅的式样，而多层带坡屋顶的建筑形象则

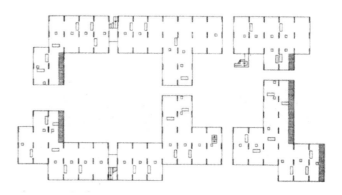

图 5　莫利维利特住宅区支撑体

图 6　莫利维利特住宅区平面图（示分户墙）

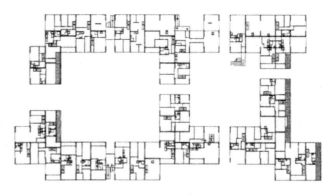

图 7　莫利维利特住宅区平面布置图

图 8　莫利维利特住宅区的外立面　　　图 9　建造－支撑体框架　　　图 10　建造－填充体的逐步安装

回应了荷兰文化中"家"的意向。

　　填充体的多样性和可变性，活跃了住宅区的外观，也使得更长时间内的调整成为可能。在这个项目中，建筑师运用工业化的技术和产品以满足不同住户的特殊需求。填充体包括整体厨房模块、整体浴室模块、电气组件、立面组件、内隔墙、壁橱和储藏模块等。与每户居民进行讨论后，这些工业化制品在工厂完成预制并分户打包运输到现场进行装配安装。由于应用了开放建筑理论，户与户之间、每一户内部的划分都非常自由。居民参与了设计的过程，而从最后的平面布局来看，没有两户是完全相同的。门窗构件填充在作为支撑体的立面构架之中，这样街区内的建筑轮廓整齐划一，细节却各不相同，形成了丰富的效果[8]。

　　莫利维利特住宅区呼应了传统的城市肌理，创造了可随时间变化而又协调统一的城市景观，坡屋顶和木制窗户等传统符号令人倍感亲切。莫里维利特住宅完美地诠释了

开放建筑的理念：建筑师需要制定一种建筑生成和生长的规则，与住户一起设计出整齐而生机勃勃的街区，且要确保其可以随着时间的变化进行演变。

2.城市更新中的开放建筑

　　1980 年代和 1990 年代，欧洲国家在二战后大量建造的住宅面临老化的问题，同时，石油危机的冲击大大降低了新建住宅的数量，城市更新成为建设的主流。

　　开放建筑理念中蕴含着建筑应对时间和需求变化的思想，以开放建筑的理念改造既有住宅，不仅可满足当前的改造需求，也为未来的更新改造打下了基础。沃尔伯格住宅区更新项目（Voorburg Renovation）就是运用开放建筑理念进行更新的著名案例。

　　沃尔伯格住宅区建于荷兰鹿特丹附近，为第二次世界大战后建成的现代主义住宅，多为五层板式布局，立面平直没有装饰，内部也已经很陈旧。1990 年，所有者决定对其改造以满足新的要求。由于住宅目前多

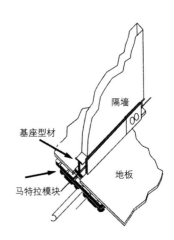

图 11　马特拉模块细部构造

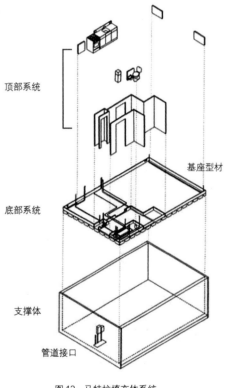

顶部系统

基座型材

底部系统

支撑体

管道接口

图 12　马特拉填充体系统

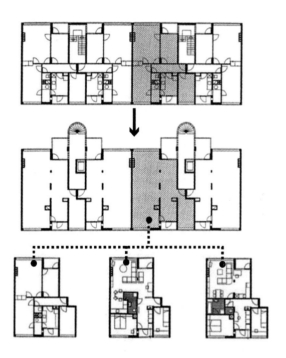

图 13　沃尔伯格住宅更新前后平面图及平面布局的可能性

图14 沃尔伯格住宅更新前　　图15 沃尔伯格住宅更新后　　图16 马特拉模块的安装

用于出租，所以需要抓紧利用两批住户入住的间歇期进行逐户改造，改造内容不仅涉及内部布局的改造和设备的更新，也包括增加楼梯和阳台等立面的改造，以及住区环境的升级。

OBOM设计小组对沃尔伯格住宅区的改造方式进行了研究，他们将一套住宅作为实验住宅，来探讨支撑体的灵活性的可能性（capacity）。结构和管道井作为支撑体部分，被小心地保留了下来，而其他部分则作为填充体被移除。在此基础上，研究者开始探讨平面布局的可能性。

住宅的改造过程与设计过程相对应，首先清除所有填充体，保留支撑体。同时为了在结构墙体上开设必要的门窗洞口，采用了钢构架加固。项目最具特色的是在填充体更新时运用了一种新的工业化系统——马特拉填充体系统（Matura Infill System）[9]。

马特拉填充体系统由两个部分组成，"底部系统"（lower system），将所有的设备管线组织起来；"顶部系统"（upper system），包括房门、隔墙、壁橱、固定设施和装修。其中，马特拉模块（Matrix tiles）是这个系统中极其重要的基础构件，模块中的凹槽可以组织管线的排布，同时也为"基座型材"（base profiles）的准确、快速安装创造了条件。基座型材是一种应用于隔墙底部和建筑的外墙周边的型材，也为电线的排布创造了空间。马特拉模块的设计方法使住宅内装的装配极具效率和准确性，同时便于以后的更新[10]。

用户参与决策是开放住宅理念中的重要一环，在新住户入住之前的两个星期内，建筑师将与住户进行交流，帮助用户在一系列的可能性中挑选出一种平面布局方式，并确定设备和装修的规格。所需的马特拉模块和配件将由工厂预制，并和施工工人的临时住所一起，用卡车运往现场，在接下来的一个月时间内完成所有的装配。

在沃尔伯格住宅区更新项目中，开放建

图18　罗巴赫住宅区外部环境　图19　立面格栅　图20　罗巴赫住宅区阳台　图21　罗巴赫住宅区的阳光中庭

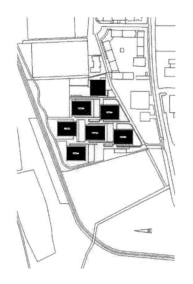

图17　罗巴赫住宅区总平面图

筑的理念获得了灵活的应用。既有住宅的填充体被移除，保留支撑体，并基于支撑体的现实条件，讨论填充体的多种可能性。

在填充体的系统设计中，又运用了清晰的层级理论和工业化的生产方法，同时贯彻了住户参与的理念。在较短的工期和复杂的现实条件的限制下出色地完成了住区的更新，展现了开放建筑理论的巨大潜力。

3. 开放建筑与环境可持续

20世纪末21世纪初，由于资源、环境与发展之间的矛盾越来越突出，人们开始在建设中关注可持续的思想。开放建筑提出了一种新的视角，来审视建筑和环境的关系，建于奥地利因斯布鲁克的罗巴赫住宅区项目（Wohnen am Lohbach）即是契合开放建筑理论和环境可持续思想的著名案例。

罗巴赫住宅区项目建成于2000年，住宅楼层数为5~7层，是密度非常高的公共住宅项目，由奥地利著名的建筑设计师鲍姆施拉格和埃伯勒（Baumschlager & Eberle）设计。住宅楼呈棋盘状布局，建筑师使住宅楼相互错开，每栋住宅楼都可享受周围的景观。为了消解较近的间距产生的压迫感，建筑师采用了灵活开放的立面处理方式，在建筑外围设置了从顶棚到地板的金属格栅，用户在阳台上可以自由地调节金属格栅，确保居住隐私，同时也形成了极具特色的多变的立面景观。

每栋建筑都有着清晰的结构逻辑，建筑从内到外呈现环状布局，分别是中庭和垂直交通－厨卫设备区－居室空间－阳台。支撑体布置在厨卫设备区和居室空间之间，局部布置在外立面上。分户墙是轻质的，户与户之间的划分十分灵活，如果用户需要增加一个房间或者减少一个房间，只需要增加或者减少隔墙就可以了。

实现高度可持续性是项目的重要目标。适宜的温度、湿度、良好的通风和供热不仅可以为居民营造舒适的生活环境，也有利于材料和设备的保养，从而延长建筑寿命。建

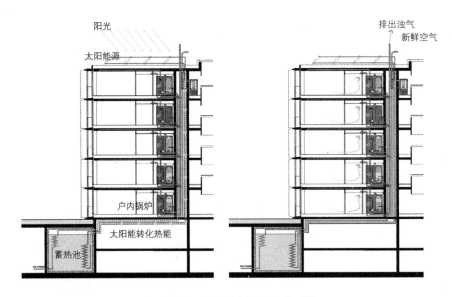

图22 罗巴赫住宅区的太阳能和新风循环利用系统

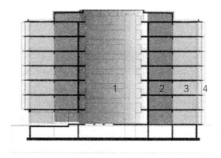
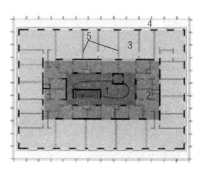

图 23　罗巴赫住宅区平面和剖面

1 中庭和垂直交通
2 厨卫设备区
3 居室空间
4 阳台
5 轻质分户墙

筑师对技术的合理利用在控制成本的前提下大大地降低了能耗。每栋住宅楼形成了一套能源循环利用系统，新风装置将新鲜的空气送往各个房间。每个建筑的屋顶安装了 $140m^2 \sim 190m^2$ 的太阳能板，太阳能转换的能量输送到建筑地下车库的水箱，夏季时可将水箱中的水加热到 $40℃ \sim 60℃$ 供居民使用，如需更高的温度，也可以用每户的锅炉进行进一步加热，在冬天，太阳能也会被用于加热循环系统中的空气。太阳能系统可以满足全年约 70% 的生活热水要求。另外，屋顶收集的雨水可供厕所冲洗厕具[11]。

可持续建筑需要从一个全球化的视角下看待我们既有的问题，需要从建筑过程的角度看待建筑，正确理解和完善关于人、能源和资源的问题。建筑师认为："当我们做完这一切，对我来说设计不是造新房子，而是设计一个可以至少使用 200 年的建筑。"罗巴赫住宅区以其出色的灵活性的设计和对环境可持续的回应获得了极大的成功。项目获得

了 2004 年的世界绿色住宅奖等多项大奖[12]，成为开放建筑理论在可持续和绿色住宅领域的一个标杆。

4. 互联网定制的开放建筑

进入 21 世纪以后，科技水平有了很大的提高，开放建筑的理论和实现途径也有了新的发展，芬兰的阿拉伯海岸住宅（Arabianranta）项目提出了设计与互联网结合的概念，用户可在网上定制自己的住宅。

阿拉伯海岸住宅项目建成于 2005 年，位于距离赫尔辛基市中心 5km 的海边基地上。项目共 6 层，包含 77 套公寓，以及位于一层的辅助用房等。项目应用了开放建筑的原理，设计了多样化的住宅的户型、立面和内装。

用户在开工之前的 6 个月内，可以登录网上的房屋定制系统（PLUSHOME）进行选购。可以选择的内容包括住宅的面积、位置、布局等。这个阶段之后的三个月内，可以选购外立面材料、设施和装饰（accessories）。网站通过一个绘图系统实现了可视化，当用户

图 24　阿拉伯海岸项目外观　　　　图 25　PLUSHOME 网站截图　　　图 26　阿拉伯海岸项目的外墙吊装过程

做出选择时，网站会自动将所选的内容直观地呈现在用户面前，同时也会自动计算用户所选"套餐"的价格，而这些选择在最终下单之前都是可以更改的。这个系统对买卖双方和产品供货商同时开放，确保了信息传达的有效和及时。

互联网技术的发展使住户参与的方式更为先进，但可供选择的多样化的户型和内装，则是由于设计师在项目中贯彻了开放建筑的理念。

项目的支撑体布置在外侧，分户墙及其他内墙都是轻质隔墙，平面的划分十分自由，同种面积的套型也可以有不同的布置方式。项目建成时，公寓的面积从 39m² 到 125m² 不等，户型的种类极其多样。

项目采用了一种新颖的承重结构：预制的墙体内部预埋承重的钢柱，再将墙体现场装配。钢柱的间隔不超过 3m，这大大缩小了柱子的截面，使其可以被顺利地预制到墙体中。Z 字形的钢梁与钢柱相连接，并承托着中空混凝土楼板。在卫生间的区域，采用了双层楼板，这样卫生间的管道的布局可以更为灵活。结构构件在工厂预制，并进行了防火防冻的处理，现场装配的速度达到了每星期至少 2000m²，大大缩短了工期 [13]。

在填充体部分，分户墙采用钢骨架 – 保温层 – 双面石膏板的构造方式，浴室的墙采用了轻型混凝土，方便自由调整。利用隔墙顶部的空间可以自由地安装电气系统，后期安装网络和为老年人设置的安保设施也极其容易。通过这样的组织方式，不仅建成时的多样性可以得到保证，也可以在未来较为容易地对空间格局、设施和内装进行更改 [14]。

阿拉伯海岸住宅沿袭了开放建筑的一贯思路：支撑体与填充体分离、与工业化紧密结合、注重住宅的多样性和可变性，以及重视公众参与。由于时代和科技水平的发展，也展现了与互联网技术紧密结合的时代特色，通过可视化的网络订购平台，也将建筑师、开发商、供货商和购房者紧密地联系

图 27　阿拉伯海岸项目同一面积套型的不同布局方式

图 28　阿拉伯海岸项目支撑体以及可供定制的平面举例

图29 蒂拉住宅南立面景观

图30 蒂拉住宅室内

在一起，建筑师设想了各种可能性，生成的一种实现方式则是由用户选择生成的。这个项目也因其卓越的建筑、结构设计、信息技术和社会思考获得了"芬兰2005最佳新建筑"奖。

5. DIY 开放的立体空间

开放建筑理论是基于长寿命与灵活性之间辩证辨析的哲学理论，开放建筑为各个层级的主体提供了平台，鼓励人与建筑之间的互动，满足个性化的要求。建于2008年的蒂拉住宅（TILA），在控制成本的前提下极大地尊重用户的个性化选择。鼓励用户DIY（do-it-yourself）开放的专属空间。

蒂拉住宅位于芬兰赫尔辛基，包含39套公寓，是基于开放建筑理念建造的LOFT公寓。建筑师从一个新的角度诠释了开放建筑的理念，提供给住户最为简单、拥有无限可能的骨架支撑体，而填充体则由住户自行设计装配。

与一般项目中建筑师起主导作用截然不同，DIY是蒂拉住宅最大的特点，空间布局和内装设施都需要用户亲自建造完成。但是提供DIY的机会并不意味着建筑师角色的缺失，相反，为了用户能够顺利地规划自己的住宅，建筑师提前做了很多准备工作：

支撑体设计中，结构和尺度经过了仔细的推敲以增加布局变化的可能性。最终的方案中，支撑体呈现出清晰的逻辑，建筑单体呈现L形，北侧为外廊，住宅朝向南侧，整面的玻璃窗便于最大限度地接受阳光和隔成不同的居室。套型面积为102m^{2}或51m^2，5m的层高方便用户自由加建夹层。

厨房和卫生间涉及各种管线设备，是住宅中最为复杂的部分。在蒂拉项目中，为了降低DIY的难度，实现装配式安装，建筑师预先建立了一套厨卫系统。根据户型的大小，在入户一侧安装1～2个卫生间，为了方便管线的排布以及满足室内无高差的要求，这一部分采用了厚度较薄的楼板。比起采用双层楼板，这种方式造价更为低廉。卫生间是工

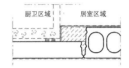

图 31　蒂拉住宅卫浴区降板分析图

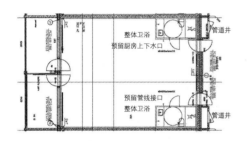

图 32　蒂拉住宅套型平面布局图

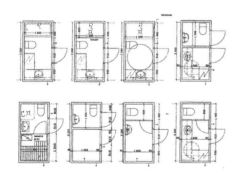

图 33　蒂拉住宅可供挑选的其中 8 种整体卫浴区模块

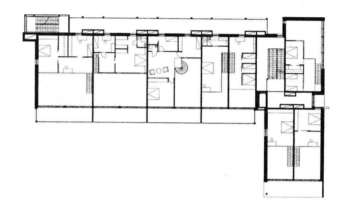

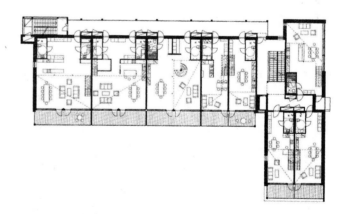

图 34　蒂拉住宅中间层平面（下）及夹层平面图（上）

图 35 蒂拉住宅内部（支撑体）　　图 36 蒂拉住宅整体卫浴区降板　　图 37 整体卫浴预留管线

厂预制的整体卫浴，有 9 种形式可供挑选 [15]。建筑师利用整体卫浴的一面墙，预留了厨房的给水排水接口，在厨卫可能的位置周边，墙和地面都做了防水处理，这样在一定的范围内，厨房的位置和形式也可以由住户自己决定。同时，建筑师也考虑了在夹层安装厨卫的可能性。

建筑师还准备了详尽的住户手册，对用户可能遇到的问题加以说明和指导。项目因为其独特性和较低的造价受到了极大的欢迎，吸引了将近 2000 人排队购买，而最终完成的住宅中，没有两户住宅的布局和风格是相同的。

由于采用了工业化的建造方式，这个项目只用了一年就建造完成，用户的 DIY 从 2008 年开始，消耗的时间从一个月到一年不等。建筑师希望通过这个项目，用简单的工序和较低的造价实现开放建筑的灵活性，并最大限度地尊重住户的意愿。一方面，无论是居室的划分，还是二层的加建，整个空间

效果完全由用户决定；另一方面，多样性和灵活性的实现有赖于建筑师的精心设计。无论是支撑体布置方式，还是预先安装好的设备管线、厨卫模块，以及为用户准备的指导手册，都为 DIY 尽可能地创造了条件。2010 年，开放建筑理论的发起人哈布拉肯教授参观了这个项目，称其为开放建筑理论的卓越实践 [16]。

半个多世纪以来，开放建筑理论一直保持着极强的适应性。本文选取的案例，所处的时代背景都各有不同，无论是 1970 年代对传统文化的呼唤，还是 1990 年代的城市更新、世纪之交的全球可持续发展思潮、进入新千年时的互联网时代……开放建筑理念，着眼于建筑的长寿命和灵活性，建筑不再是一种结果、一种形式的雕塑，而是作为一个过程、一个可以互动的平台，契合当时以及未来的时代背景。

通过对不同时代和地域背景下开放建筑经典案例的解析，理论的设计要点有以下几

表 2　五个案例的比较

建设年代	项目名称	所处国家	特色
1977	莫利维利特住宅区	荷兰	街区的营造与传统的城市肌理相呼应，建立可持续的街区
1990	沃尔伯格住宅区更新	荷兰	旧建筑改造和城市更新中开放建筑理念的应用，开放建筑倡导的建筑应该适应变化和易于改造的理念的实践
1998	罗巴赫住宅区	奥地利	开放建筑在资源和环境可持续发展背景下的应用
2005	阿拉伯海岸住宅	芬兰	利用互联网技术，用户定制开放建筑
2008	蒂拉住宅	芬兰	追求个性解放的 DIY 时代背景下的开放建筑的实践

个方面：

首先是支撑体与填充体相分离以适应变化的基本原则。开放建筑理论按照不同的层级，将建筑与人居环境的问题分成了城市肌理、支撑体、填充体等，层级越高，寿命越长。将支撑体和填充体分开，建造耐久性的支撑体和易于改造的填充体，是建造长寿命、高品质和灵活性的建筑的关键所在。

其次是运用工业化技术，1977 年建成的莫利维利特住宅区中，只有一部分支撑体采用了工业化预制的方式进行建造，填充体采用了工业化产品。2005 年的阿拉伯海岸住宅项目中，将预埋钢结构的外墙进行吊装，工业化技术有了很大的提高，而填充体部分的工业化产品和技术的应用则更为广泛。工业化技术的应用不仅可以提高施工质量和效率，更重要的是，可以依托产业链，实现产品的维修更换，使开放建筑随时间变化的理念得以实现。

最后是住户参与决策的原则。开放建筑理论中，不同的层级对应着不同的主体，而将填充体与支撑体分离，意味着住户可以根据自己的喜好对住宅进行定制或者改造。随着科技的进步，住户参与的方式也日新月异，莫利维利特住宅区和沃尔伯格住宅区更新项目中，通过住户与建筑师的交流实现意见的参与，阿拉伯海岸住宅中，则通过互联网实现了住宅的定制，蒂拉项目中，用户可以 DIY 自己的住宅。

总之，开放建筑理论从来不是程式化的设计铁则，它根植于变化的人居环境，顺应时代的潮流，利用技术的发展而不断进化和演变出新的形式。

我国住宅工业化的发展历程与特点

回顾我国的住宅工业化发展历程，与世界各国相类似，也伴随着解决大量住房问题的迫切需求而展开。新中国成立之后的头30年，住宅行业百废待兴，我国通过PC（预制装配式混凝土板）大板住宅等体系的研究和标准设计技术的建立，实现了城市住宅的批量的快速建造；1980年代，改革开放带来了新的精神气象，SAR等国外先进工业化体系被引入我国，内装工业化迎来了萌芽期；20世纪末，国家开始大力推广住宅工业化以期改变商品住宅粗放的发展模式，房地产开发企业和部品厂商等对工业化商品房的建设做出了一定贡献；进入21世纪以后，在可持续的目标下，支撑体和填充体分离的住宅设计理念得到了进一步发展。本部分将以各个阶段的重要政策、主要研究和典型实践进行分析和研究，回顾我国住宅工业化的发展历程和特点。

1.PC大板的工业化住宅

新中国成立之后，我国引进苏联经验，用标准化设计和生产、机械化施工的方式进行大量、快速的住宅建造，并希望在此基础上建立一套从建筑设计、构件生产到房屋施工的完整工业化体系，但是由于生产力水平较低、住宅建设长期得不到重视，住宅工业化仍然处于很不完善的阶段。

1949～1957年是国民经济恢复和第一个五年计划时期，初步制定了住房制度、设计和技术规范，这为后30年的发展奠定了基础。这个时期，我国引用了苏联的建筑标准、标准设计方法和工业化目标，开始出现了"标准设计"的概念。东北地区率先在苏联专家的指导下开始标准设计，城建总局编制的"全国六个分区标准设计图"（1955）按照东北、华北、西北、西南、中南、华东6个地区分区编制。住宅主要是砖混结构，也有PC板，采取住宅单元定型和由单元组成的整栋住宅楼定型，包括建筑、结构、给水排水、采暖、电气全套设计。1959年以后，标准化设计方法和标准图集的制定由地方负责实施，标准

图 38　台阶式花园住宅[注1.]

图集成为城市住宅建筑和构件生产的技术依据。标准化设计方法和标准图集上手快，技术难度低，易于复制，在中华人民共和国成立初期的住宅大量建设中起到了重要作用。

经历了"大跃进"和"文革十年"的动荡时期，进入 1970 年代，我国恢复统建工作，并跟西方国家和日本建立了正式的外交关系，对外的经济技术交流活动开始活跃起来，"建筑体系"概念引入国内。1978 年，国家建委提出全国建筑工业化运动的"三化一改"方针，即建筑工业化以建筑设计标准化、构件生产工业化、施工机械化以及墙体材料改革为重点。住宅工业化迎来了一个高潮期。这个时期，除继续发展砖混住宅外，我国还发展了装配式大板住宅、大模板住宅、滑模住宅、框架轻板住宅[17] 等。据统计，1977 年仅建工系统采用工业化建造的住宅面积为 174 万 m²，占当年竣工的 6.1%[18]。由于用地紧张，高层建筑逐渐兴起，工业化的建造方式开始在高层建筑中应用。

北京前三门大模板高层住宅是我国最早的 PC 高层住宅。采取了"内浇外挂"的施工方式，除内墙为大模板现浇钢筋混凝土外，外墙板、部分隔断墙、楼板、楼梯、阳台以及垃圾道、通风道、女儿墙等均为工厂预制构件。在规划、设计、建材、生产、施工等统一考虑的前提下，从基础、地下室、主体结构到装修、设备，逐步形成了具有自己特点的比较完整的工业化建筑系统。这种预制与现浇相结合的建筑体系，结构整体性强，抗震性能好。由于取消了砌砖、抹灰，减轻了笨重体力劳动，工艺设备简单，投资少，工期短。

这个时期的住宅建设，相对更重视建筑主体结构，对于住宅内装的考虑较少，但是相比中华人民共和国成立初期已经有了明显的进步，在将住宅拆解成标准预制构件的过程中，也考虑了相应的内装配置。住宅的厨卫和设备管线已经作为标准化设计的一部分。如前三门统建工程在确定预制整间大楼板时，

注1：台阶式花园住宅是清华大学建筑学院在 1984 年的全国砖混住宅方案竞赛中提出的概念。项目应用了工业化、模数化的设计理念。在设计初期，先确立统一模数和定型基本间，然后将基本间组合形成体型多变的住宅。花园住宅顾名思义，每户都拥有花园，室内外空间层次丰富，提供了规划和设计的多种可能性。

考虑了设备管道留洞，解决上水、下水、雨水、电、暖、煤气、通风管道等七种管道的通过[19]；相比1950年代至1960年代多户共用厨房和卫生间的情况，前三门住宅中基本做到了每户配备厨房和卫生间。部分厨房为通过式厨房并兼做就餐室，甚至有兼做卧室的考虑；厕所一般设置蹲坑和墩布池两件产品，由于在住宅区内集中设置浴室，在厕所内不设澡盆。

总体来说，新中国成立后的前30年间标准设计和住宅工业化的建造方式在改善我国住房短缺状况的过程中扮演了重要的角色。这个时期发展的工业化住宅以节省成本和结构体的快速建造为重点，内装处于次要的地位，住宅产品数量少、发展程度落后，总体上水平较低。但是，这个阶段也探索了工业化建造的基本模式和工艺方法，并对居民接受的居住模式进行了探讨，基本形成了发展成套住宅的共识，是一个不可逾越的阶段。

2. 内装产业化的萌芽

1978年中共十一届三中全会之后，我国推行改革开放，国民经济进入快速发展期。从1980年代起，中国强调居住区建设要"统一规划，合理布局，综合开发，配套建设"，房地产开发作为一个新兴行业在我国出现，国家经委将城市住宅小区列为"七五"期间50项重点技术开发项目之一，开展了城市住宅小区的试点工程。这个阶段住宅建设所面临的主要矛盾成为改善居民生活的内部功能和外部环境的动因。

经济社会发展的大形势为装修产业的发展提供了条件，国外先进工业化体系（如SAR）被引入国内，对国外先进体系的学习、与日本等先进国家的合作研究都大大拓宽了我国发展工业化住宅的视野，内装部分得以从结构体中分离并单独讨论。在继续关注结构体，发展大板、大模板等工业化住宅建造体系的同时，对内装工业化进行了一定探索。这个时期成为我国内装产业化的萌芽期。

1980年代初期的探索以支撑体、标准化为主，如天津1980年住宅标准设计的探讨、

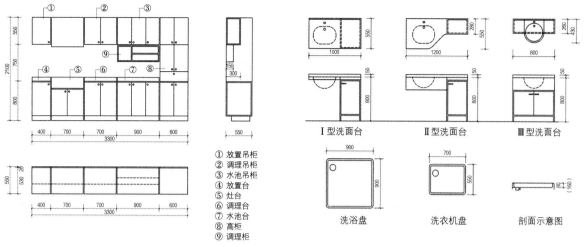

① 放置吊柜
② 调理吊柜
③ 水池吊柜
④ 放置台
⑤ 灶台
⑥ 调理台
⑦ 水池台
⑧ 高柜
⑨ 调理柜

Ⅰ型洗面台　　Ⅱ型洗面台　　Ⅲ型洗面台

洗浴盘　　　　洗衣机盘　　　剖面示意图

图39　小康住宅成套厨房家具外形　　　　　　　图40　小康住宅卫生间洗浴设备外形

1984 年全国砖混住宅方案竞赛[20]中涌现出的关于住宅标准化和多样化的探讨、1986 年南京工学院在无锡进行的支撑体住宅相关研究和实践[21]等。这些研究开始提出了单独的内装填充体（或类似的"可分体"）的概念。

厨卫设施部分也有了一定的发展，这个阶段中国建筑技术发展研究中心以厨房、卫生间为核心的住宅设施专项研究取得了一系列重要成果，如 1984 年的《住宅厨房排风系统研究》和《关于发展家用厨房成套家具设备的建议》等，厨卫设施被提到越来越重要的位置。1984 年，"七五课题"的《改善住宅建筑功能和质量研究：城市住宅厨房卫生间功能、尺度、设备与通风专项研究报告》对厨卫做了详细的专题研究。

与此同时，随着商品经济的兴起和人们的消费水平的提高，住宅部品的开发逐渐兴盛了起来。马韵玉在《中国住房 60 年（1949～2009）往事回眸》中回忆：在起草《住宅厨房及相关设备基本参数》时，全国只有

4 家企业生产厨房设备：炉灶、排油烟机、电冰箱[22]，而据 1991 年统计，有 150 多个企业引进国外 240 多条塑料双轴挤出机生产线，其中 120 条用于制造塑料门窗异型材，其余为塑料管材、管件；引进了墙地砖生产线 300 多条，人造大理石、人造玛瑙卫生洁具生产设备 20 多套；22 个企业引进了砌块生产线（设备）[23]。新产品的生产存在一哄而上的情况，如燃气热水器生产企业在 1990 年就达到 80 多家，排油烟机生产企业在 1991 年达到 100 多家。这些最初的住宅产品制造企业，虽然技术水平有限，缺乏与建筑的协调性，标准化程度也不高，但是比起中华人民共和国成立后的前 30 年已经有了巨大的进步。

中日两国政府共同合作的"中日 JICA 住宅项目"注2 是这个时期重要的科研课题，使我国在住宅研究的方法和手段方面取得了明显的改进。尤其是第 1 期项目"中国城市小康住宅研究项目"（1988～1995），以 2000 年中国的小康居住水平作为研究目标，开展了

注 2：JICA 项目：自 1988 年启动，项目历经 20 年，分为 4 期工程：第 1 期"中国城市小康住宅研究项目"（1988～1995）、第 2 期"中国住宅新技术研究与培训中心项目"（1996～2000）、第 3 期"住宅性能认定和部品认证项目"（2001～2004）、第 4 期"推动住宅节能进步项目"（2005～2008）。

表 3 部分部品发展比较

部品分项	1980 年代初	1990 年代初
洗涤池	陶瓷制品	不锈钢、多槽洗涤池等
橱柜	没有橱柜产品	出现整体橱柜、进口橱柜产品
抽油烟机	第一代抽油烟机	换代产品排烟更强、低噪声、节能好、易清洗
水管	铸铁管	UPVC、不锈钢管、钢管
玻璃钢制品	档次较低产品	亚克力浴缸等制品
……	……	……

表 4 小康实验住宅内装技术要点

部位	要点（括号内为说明）
总体	内装和主体结构不分离
墙体	内部墙体不可拆除
管道井	户外集中管道井为主，分散管道井为辅（在户外进行水、电、煤气的查表）
管线	应用了平层排水的思想，立管设在管道间内。（为缩短排水横管而设置立管应尽量减少，并应隐蔽不外露。设立水平管道区，做到设施使用面上见不到明管。水平管线露在下层住户内。厨房内管道在墙角和吊柜下布置，不露水平管道。卫生间内提高地面，采用三用排水器和侧墙式地漏，取消存水弯）
采暖	散热器上安装调节阀，可调节室内温度。
排风	厨卫采用机械排风、各户直排（厕所换气可自然通风，通过风道排出。在大部分住户中采用了预制水平风道，从卫生间和厨房直接向外墙通风和排气）
检修	在适当的位置开设检查孔
计量方式	分户计量
厨房	洗池、案台、灶台、柜一线布置
卫生间	部分住户干湿分离
	设施、电器（除三大件外增加了玻璃镜、镜灯、毛巾杆、肥皂盒、挂衣钩等设施及燃气热水器位置和管孔）
玄关	已经具备入口缓冲区的概念
家电	配备有电源、配管和配件（提高装修标准，为住户安装热水器、空调器、电话、电视机、洗衣机等提供方便）
家务空间	厨房内固定洗衣机位置，留出上下水接头

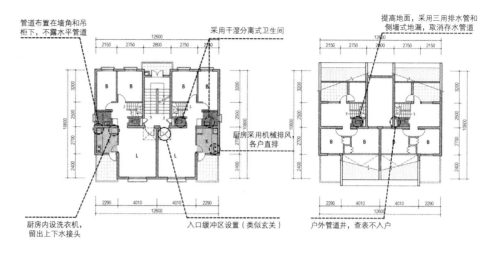

管道布置在墙角和吊柜下，不露水平管道

采用干湿分离式卫生间

提高地面，采用三用排水管和侧墙式地漏，取消存水管道

厨房采用机械排风，各户直排

厨房内设洗衣机，留出上下水接头

入口缓冲区设置（类似玄关）

户外管道井，查表不入户

图41　石家庄联盟小区试验住宅技术要点

注3：小康住宅十条标准：①套型面积稍大，配置合理，有较大的起居、炊事、卫生、贮存空间。②平面布局合理，体现食寝分离、居寝分离原则，并为住房留有装修改造余地。③房间采光充足，通风良好，隔声效果和照明水平在现有国内基础标准上提高1～2个等级。④根据炊事行为要合理配置成套厨房设备，改善排烟排油通风条件，冰箱入厨。⑤合理分隔卫生空间，减少便溺、洗浴、洗衣、化妆、洗脸的相互干扰。⑥管道集中，水、电、煤气三表出户，增加保安措施，配置电话、闭路电视、空调专用线路。⑦设置门斗，方便更衣换鞋；展宽阳台，提供室外休息场所；合理设计过渡空间。⑧住宅区环境舒适，便于治安防范和噪声综合治理，道路交通组织合理，社区服务设施配套。⑨垃圾处理袋装化，自行车就近入库，预留汽车停车车位。⑩社区内绿化好，景色宜人，体现出节能、节地的特点，有利于保护生态环境。

居住行为实态调查、标准化方法研究、厨房卫生间定型系列化研究、管道集成组件化研究、模数隔墙系列化研究、模数制双轴线内模研究，并开展了全国双轴线住宅设计竞赛、模数砖研究。针对当时设计误区提出了公私分区、动静分区、干湿分区的设计原则；大厅小卧、南厅北卧、蹲便改坐便、直排换气等具体做法，这在当时都是超前的、突破性的，尤其是最后提出的小康住宅十条标准[注3]，被誉为住宅发展的指针、建设的标准，一直影响到至今的开发建设行业。

小康住宅研究将住宅内部装修系统作为一项体系进行创新研究和实践，引入双模数的概念，从内部净尺寸讨论住宅的内部装修技术和装修，从设计上，将内装和结构分开，制定了住宅性能标准和设备配备标准，提出管线集中、同层排水、直排换气等先进理念，并通过研究生活行为和生活方式，研究了厨卫的位置、布置、设备配套、排水排污方式等相关内容。这些学习自日本内装工业化体系并根据我国国情加以应用的先进的方法，已经具备了内装工业化的基本要素。

值得一提的是，小康住宅研究将住宅部品开发作为其重要的组成部分。1990年8月在北京召开的项目第一次中日会议中，已提出要对在目前存在问题最多、居民要求最迫切的成套换气产品、成套厨房设备、成套卫生间设备进行开发。在1990～1992的三年间，已经开发完成了排油烟机与附件、成套厨房设备（家具）、洗面台、淋浴盘、洗衣机盘、综合排水接头、半硬性塑料给水管、推拉门、安全户门、轻质隔墙等合作、单独开发的部品。这些研发的意义不仅是研制了几种样品，而是一种引导性的尝试，引导其他的设计单位、生产企业与建筑设计协调、与居民需求结合，形成以设计为龙头的跨行业、部门、地区的合作，逐步培养住宅产业的形成。

为了验证小康住宅研究的科研成果，在石家庄、北京、山西等地建造了实验住宅，以石家庄联盟小区实验住宅为例[24]，实验住

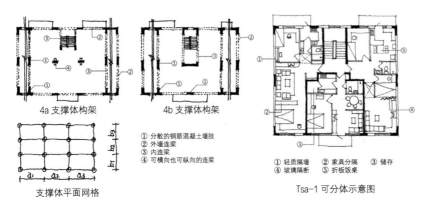

4a 支撑体构架　　　　4b 支撑体构架

① 分散的钢筋混凝土墙肢
② 外墙连梁
③ 内连梁
④ 可横向也可纵向的连梁

支撑体平面网格

Tsa-1 可分体示意图

① 轻质隔墙　② 家具分隔　③ 储存
④ 玻璃隔断　⑤ 折板饭桌

图 42　TS 住宅体系支撑体和可分体

宅试验了多项内装工法，项目以集中管道井为主、分散管道井为辅；设水平管道区，设施使用面上不漏明管；管道维修方便和查表不进户，管道井内排水干管靠近排水点，分设污废分流，为今后回收利用创造条件；厨卫采用机械排风、各户直排；适当提高装修标准，为住户安装热水器、空调器、电话、电视机、洗衣机等提供方便。散热器上安装调节阀，可调节室内温度；电气安装漏电保护器等。

与小康住宅同时期的课题有我国"八五"期间重点研究课题《住宅建筑体系成套技术》中的《适应性住宅通用填充(可拆)体》研究，其中将"通用填充体(可拆体)"分为可拆型(如砌块和条板)、易拆型(如可以方便拆装变动移位重组的隔墙或者折叠门、推拉门等)、防水型与耐火型(方便厨房、卫生间使用)。在对各项技术进行探讨的前提下，使其配套成型，技术点更为明确。同时，在北京翠微小区进行了适应型住宅实验房的建设，

证明了课题研究成果的可实施性。实验住宅的支架体采用了大开间剪力墙承重系统，套内没有承重构件。在楼梯尽端户门侧做了竖向管道和表具的定位区，为套内的厨房和卫生间空间布置留出一定的可变条件，这就为已经商品化供应的各种部品化的填充体入户提供了必要的空间和设施管道接口，竖向管道都是共用的，表后横向管道才属于各个住户自用。项目采用干作业施工，两套 73m² 的住宅隔墙系统只需两个人工作三天。电气管线则利用踢脚线和挂镜线布线的组合方式，以便住户在任意位置安排出线口，为检修带来了便利。

除此之外，还有天津研发的 99TS 住宅体系，是对 SAR 理论消化吸收的基础上根据现实条件创立的，体系考虑了装配式大板体系、大模板内浇外挂式体系和预制盒子体系三种方式，其纵横墙全部拉通对直，居室内无墙无梁，平面无凹凸变形，前后左右对称，户内可以灵活分隔。厨房卫生间部分集中组合，

图 43　适应型住宅复合型套型示例

做到水核集中[25]。

小康住宅及同时代的相关研究具有划时代的意义，虽然没有从体系上将住宅的填充体和支撑体分离，对长期优良性和动态改造方面考虑较少，但双模数的设计方式、对厨卫设施和设备部品的成套研究等各关键技术点已经具备了产业化的基本思想，成为我国内装产业化的萌芽，其作用应当是功不可没的。1995 年开始，国务院八部委联合启动了"2000 年小康型城乡住宅科技产业工程"。作为小康住宅成果的转化，在全国进行转化实施，这是第一个经国家科委批准实施的国家重大科技产业工程项目。1996 年建设部颁布《小康住宅规划设计导则》和《住宅产业现代化试点工作大纲》，在全国各城市进行小康住宅小区示范建设，与此同时选择十个省（市）作为住宅产业现代化建设的试点省市。但是由于各方面条件尚不成熟，在长期的推广中，小康住宅的各项研究性成果并没有彻底贯彻到试点小区的建设当中，很多先进观念仍然停留在研究层面，没有在大量性城市住宅建设中落地生根。

3. 企业的工业化商品房

商品住宅 20 年的蓬勃发展，使房地产业迅速成为国民支柱产业，住房需求量大、用工成本低、建设方式粗放，导致建成的住房质量差、能耗大、寿命短，毛坯房装修也暴露出了各种问题：不具备专业知识的用户需要投入大量的时间精力进行选购、雇佣施工队施工，质量无法得到保障，二次装修则呈现出乱拆乱建的混乱现象。在新的发展形势下，1996 年建设部开始提出并宣传"住宅产业现代化"，将住宅产业化作为解决我国住宅问题的方法。1999 年国务院发布了《关于推进住宅产业现代化提高住宅质量的若干意见》（国办发〔1999〕72 号）文件，作为纲领性文件明确了推进住宅产业现代化的指导思想、主要目标、工作重点和实施要求。意见提出要促进住宅建筑材料、部品的集约化、标准化生产，加快住宅产业发展。住宅建筑

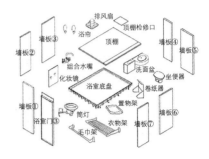

图 44　远铃整体浴室

图 45　花漾年华项目样板间

材料、部品的生产企业要走强强联合、优势互补的道路，发挥现代工业生产的规模效应，形成行业中的支柱企业，切实提高住宅建筑材料、部品的质量和企业的经济效益。

为了贯彻（国办发〔1999〕72号）文件的精神，2006年6月，建设部下发《国家住宅产业化基地试行办法》（建住房〔2006〕150号）文件，国家产业化基地开始正式挂牌实施。产业化基地主要分为三种类型，即：开发企业联盟型（集团型）、部品生产企业型和综合试点城市型。至今已在全国先后批准建立了40个国家住宅产业化基地。国家希望通过建立国家住宅产业化基地"培育和发展一批符合住宅产业现代化要求的产业关联度大、带动能力强的龙头企业，研究开发与其相适应的住宅建筑体系和通用部品体系，促进住宅生产、建设和消费方式的根本性转变"。在国家的推动下，越来越多的企业投入到住宅产业化的浪潮中，包括万科、远大等住宅提供商，海尔、博洛尼、松下等部品提

供商。经过十几年的发展，取得了一定的成效，虽然单个企业的能力有限，在我国自身工业化体系并不完善、没有形成统一规范指标的情况下，各个企业产生同质竞争的现象难以避免，但是也做出了企业、产品方面的准备，是极其重要的一环。

在对住宅工业化进行探索的企业中，远大住工集团是国内第一家以"住宅工业"行业类别核准成立的新型住宅制造工业企业。1999年，远大住工集团在部品技术研发的基础上，建立了我国第一座以工业化生产方式建设的工业化钢结构集合住宅，引起了很大的社会反响。2007年，远大被建设部授予了"住宅产业化示范基地"称号。远大于1996年起步探索住宅部品产业化，用集成技术推出远铃整体浴室；远大第五代集成住宅（BH5），是在前四代集成住宅基础上研发的，采用复合功能的预制墙体，加厚保温层，双层中空玻璃，提升保温性能；整体浴室底盘一次整体模压成型，杜绝漏水。2009～2011

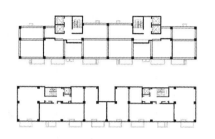

图 46　万科新里程项目 20 号楼（上图）、21 号楼（下图）　　　　图 47　万科新里程项目

注 4：2005 年万科研发建成了 1 号实验楼，进行了 3 种预制厨卫做法的尝试。2006 年 2 号实验楼启动，应用了给水分水器和排水集水器的同层排水系统、支撑体和填充体分离式的建筑体系，内装修的表皮、设备与结构的分离，为设备的安装、维修、更换提供方便，可以让住户随着家庭生命周期的变化和生活习惯的改变改造室内布局。2007 年，万科相继研发了 3 号、4 号（青年之家住宅产品实验楼）、5 号（首次改善住宅产品实验楼）实验楼，实践了模块化的处理方式，形成卫浴空间、家政空间等功能模块，运用了同层排水、室内通风新技术等。

年，第五代集成建筑大规模市场化制造，建造了花漾年华（长沙）等精装修成品房项目，总建造量超 300 万 m²。总体来说，远大住工在住宅结构体和围护体的工业化尝试方面走得更远，已在长沙、沈阳等十余个城市建立了 8 家住宅工业化工厂，成为国内知名的工业化住宅提供商。

万科是国内较早开始探讨住宅工业化的开发商，与远大集团同年获得"国家住宅产业化基地"称号。万科早在 1999 年即成立了建筑研究中心，2004 年，万科工厂化中心成立，随后启动了"万科产业化研究基地"，相继研发了建成了 5 个实验楼[注4]。

在进行实验的同时，万科也在实践项目中推进实验成果。2007 年，由万科集团开发的新里程项目 20 号楼、21 号楼成为万科推进住宅产业化的第一个试点，被列为上海市"十一五"住宅产业化建筑施工科技创新示范工程。20 号楼、21 号楼均为框架 – 剪力墙结构，分别为 14 层、11 层，采用了普通商品房中常见的一梯三户的单元布局，同时使外墙尽量规整，以满足工业化装配施工的需要。

20 号楼、21 号楼主体承重结构的梁、柱、剪力墙为现浇，外墙、楼梯、阳台为预制构件，内墙、楼梯间墙、分户墙则采用加气混凝土砌块墙，内隔墙采用轻钢龙骨双面石膏板。卫生间部位采取降板现浇的同层排水系统方式，其他部位采取预制叠合楼板。楼板根据设计为设备管道预留管道。在内装部分，采用了一些新的技术，如冷热水给水分水器、石膏板贴面系统等。

其中，20 号楼与 21 号楼实践了不同的技术工法，20 号楼在浇筑主体之前，首先安装 PC 外墙，外墙不承重。21 号楼的主体结构也现浇完成，浇筑主体完成 4 层时，开始安装外墙，最后浇筑楼板与外墙间的现浇带。另外，试点项目重点探索了工业化外墙、门窗渗漏等问题，预制外墙板的垂直缝均设有柱的位置，这样既可保证与结构构件的连接，也可以提高接缝处的抗渗性能。预制外

图 48　深圳万科第五寓　　　图 49　上海万科金色里程　图 50　中粮万科假日风景

墙连接的垂直缝和水平缝均采用双层密封防水节点，利用空腔原理阻止外部湿气及冷空气进入[26]。

新里程项目取得了很大的社会反响，但项目中应用了工业化技术的构件主要是非承重的外墙等，随后，万科集团对工业化工法和技术的实验逐步深入，从探索非承重构件的工业化逐步开始探索承重结构的工业化。2009 年深圳万科第五寓中，建筑为框架结构，仍然采用"内浇外挂式"工业化技术，但开始尝试竖向结构现浇、水平结构预制的方式；2010 年，上海万科金色里程项目中采用现浇剪力墙结构和预制非承重外墙、叠合楼板等构件；2011 年北京中粮万科假日风景 D1、D8 号楼中采用剪力墙结构，预制的外墙参与承重并起到保温作用；2013 年沈阳万科春河里17 栋项目中，与日本公司合作，采用核心筒现浇、梁柱预制的方式[27]，取得了技术上的逐步突破。

作为国内大型房地产开发商之一，万科具有直接的实施渠道，可以介入从设计到交付的过程，将研究成果进行转化。但是作为民间公司，万科仍然无法做到在全社会范围内调动资源，多数项目采取"贴牌生产"的方式，与各构件厂合作，采购部件造房；与各部品商合作，采购装修产品，受经济因素的影响较大。

在住宅内装方面，企业的工业化商品房采取的是"精装修"的方式。72 号文件首次提出要"加强对住宅装修的管理，积极推广一次性装修或菜单式装修模式，避免二次装修造成的破坏结构、浪费和扰民等现象。"2002 年 5 月，建设部住宅产业化促进中心正式推出了《商品住宅装修一次到位实施细则》，明确规定：逐步取消毛坯房，直接向消费者提供全装修成品房；规范装修市场，促使住宅装修生产从无序走向有序。2008 年，由住房和城乡建设部组织编写的《全装修住

表5　万科精装修标准

部位	要点（括号内为说明）		
总体	内装和主体结构不分离		
墙体	内部墙体不可拆除		
管道井	绝大多数位于户内		
管线	管线和墙体不分离		
	排水管道穿楼板		
	未设检修口		
采暖方式	独户采暖		
排风	厨房内油烟不直排 厕所自然通风或者采用机械排		
计量方式	分户计量		
检修	不设检修口		
厨房	整体橱柜		
	厨具、厨房家电、厨房五金（热水器、燃气灶、脱排、烤箱、微波炉）		
卫生间	部分项目干湿分离		
	洁具、墙地砖（采用墙地砖、抛光砖、马赛克、大理石等材料）		
门廊	部分采用独立门廊（与住宅具体空间结构有关）		
储藏	固定收纳		
	移动家具		
	部分设步入式衣帽间		
厅房	地板、内门（采用实木地板、实木复合、复合地板、新型地板等）		
家电	配置家电（家电包含空调、冰箱、洗衣机等）		
家务空间	洗衣机位置不固定		

图 51　万科精装修厨房　　　　图 52　万科精装修卫生间　　　　图 53　万科精装修地板及内门

宅逐套验收导则》正式出版。在国家政策和居民需求的双重推动下，我国的精装修住宅逐渐兴盛起来。各大企业整合资源，制定了各项精装修标准。以万科为例，其精装修成品住房分为 7 个部分：厨房、卫浴、厅房、收纳、电器及智能化、公共区域、软装服务，并整合成万科"U5 精装修模块"推向市场。万科通过对材料部品的标准化应用，采取一站式采购，以期建立"全面家居解决方案"。

事实上，企业宣传的所谓"精装修工业化住宅"其实是精装修成品住宅，不能等同于内装工业化住宅。多数精装修成品住宅采用将毛坯房进行装修，达到一定标准并作为成品交付给购房者的模式，其施工方式仍以传统手工湿作业为主，结构和内装系统不分离、管线和墙体不分离、内装无法随意更换，无法实现动态改造、保持长期优良性。但是由于省去了自主装修带来的一系列问题，居民较为省时省力，精装修成品住房也逐渐受

到居民的认可，这为推广内装工业化做出了居民意识上的准备。同时，精装修成品住房的兴起大大地促进了我国内装产业的发展，尤其是成套住宅产品的发展。

除了住宅开发企业以外，住宅部品制造商也在内装产业化方面做出了一定的尝试，如海尔集团作为国内第三家授牌"住宅产业化基地"的企业，涵盖了海尔家居装修体系、海尔整体厨房、海尔整体卫浴、商用及家用中央空调、海尔社区和家庭智能化系统等部分。海尔的优势在于其旗下产品众多，如拥有亚洲最大的整体厨房生产基地，引进了德国 HOMAG、意大利 Biesse 等公司 40 余条先进生产线，整合各项家电，提供整体厨房菜单内容；整体卫浴引进日本先进的技术和设备，实现产品规模化、系列化。在整合家电、整体厨卫等住宅产品的基础上，提出"精装修集成专家"口号，提供"精装修房一站式全程系统解决方案"。但是作为住宅部品提供

图 54　创智坊（二期）由标准化模块组合的立面

商，海尔难以做到从住宅项目策划和设计阶段开始介入，大多数参与的项目仍然是为传统建造方式生产的住宅进行精装修，难以对住宅内装进行体系上的革新。

和海尔一样提供精装修服务的企业还有很多，如博洛尼以发展橱柜起步，同时拥有家具、沙发、衣帽间等产品线，建立了博洛尼精装研究院，进行了"中国居住生活方式研究"、"适老研发体系"等课题研究。日本松下从生产制造住宅建材产品开始，建立起了从前期设计、商品开发到施工安装、售后服务为一体的精装修产业，2006 年以来，松下与万科、中海、华润等地产开发商合作，完成了约 9000 余套精装修产品。

除了主体和内装部分的技术进步和产业培育，这个时期对于住宅布局和外观多样化的要求也逐步提高，如创智坊在项目中，对工业化立面进行了探讨，引进了香港成熟的装配式混凝土建筑技术，成为我国内地第一

个用夹层保温预制结构的项目。在住宅及商住两用公寓的主立面应用了"三明治"预制外墙系统，采用两片 60mm 厚混凝土中间夹 50mm 厚 XPS 保温材料的做法，增强了保温效果，节省了能源。整个项目利用 23 种不同的立面模块，根据室内功能、空间的变化并配合整体立面效果，在系统及规律中营造出来自建筑本身的丰富立面效果，为在集合住宅中探讨工业化的技术方法开拓了思路。

在总体布局方面，创智坊摒弃了行列式布局，采取了小街区密路网、围合式组团的方式，使内部交通成为城市交通的一部分，形成了有连续感的街道界面。创智坊严格控制街道宽度，完善景观系统形成步行氛围，同时在组团一层设置商业，从而形成了极具步行氛围的活力街区，组团内部庭院则只对居民开放，以保证居民能够感受到一定的居住气氛。目前创智坊大学路街区酒吧和特色店铺林立，形成了独特的文化氛围，而这与

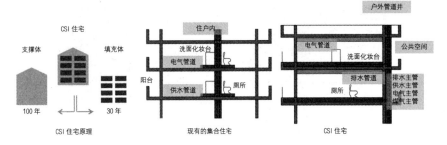

图 55　CSI 住宅原理示意图

创智坊个性化外观和总体布局不无关系。

　　总之，这个阶段由于国家的推动、市场的成熟、居民的需求，众多民企在住宅产业化推进的过程中起到了重要作用，房地产公司通过开发实际项目实践企业科研成果；住宅部品商则利用产品优势，整合住宅产品提供精装修解决方案。主体、内装和外观方面均做出了一定的探索。

　　当然我们也需意识到，住宅工业化是一个复杂的系统涉及从设计到施工、从建造方式到产品等一系列的内容，单个企业则只能作为产业链的一个或几个环节，难以介入整个过程，如部品商难以介入住宅的策划和设计，结构体和内装就无法分离，难以形成完整的工业化体系；同时，民间企业受经济和市场的影响较大，同质化竞争的现象较为严重，各个企业分别研发自己的标准和体系，难以形成统一的行业规范，影响力有限。但是经过这个阶段的发展，"住宅工业化"、"住宅产业化"的观念深入民间，在一定程度上

改变了居民的固有思维模式，并在技术和产品等层面取得了进步，为体系的形成和完善奠定了基础。

4. 工业化分离体系的新发展

　　进入新世纪以后，在全球可持续和绿色的概念影响下，支撑体和填充体分离的住宅设计理念得到了进一步发展。与前一个阶段相比，内装工业化的发展得到了重视。

　　2006 年，中国建筑设计研究院"十一五"《绿色建筑全生命周期设计关键技术研究》课题组，以绿色建筑全生命周期的理念为基础，提出了我国工业化住宅的"百年住居 LC 体系"（Life Cycle Housing System）。研发了保证住宅性能和品质的新型工业化应用集成技术[28]，2009 年在第八届中国国际住宅博览会上，建造了概念示范屋——"明日之家"，以样板间的形式，展示了百年住居的各项技术，为技术的落地做了铺垫。2010 年，住房和城乡建设部住宅产业化促进中心颁布了《CSI 住宅建设技术导则（试行）》，引入

图 56　雅世合金公寓

了中国的 SI 住宅——CSI 住宅的概念。相比改革开放初期关于 SAR 住宅的讨论，本时期关于支撑体和填充体分离的工业化住宅更为彻底和全面，对住宅内装工业化也更为重视，强调结构、设备、管线、内装的综合和技术的集成，通过延长支撑体的使用年限并对填充体进行随时更新获得更为耐久而可持续的住宅。

2010 年我国"百年住居"的技术集成住宅示范工程建设实践项目雅世合金公寓建成。雅世合金公寓项目由刘东卫主持设计，是根据中国建筑设计研究院和日本财团法人 Better Living 签署的"中国技术集成型住宅——中日技术集成住宅示范工程合作协议"，由国家住宅工程中心牵头实施建设的国际合作示范项目。在本项目中，实现了内装的装配式施工和部品的集成，初步形成了内装工业化体系。

雅世合金公寓将 S（英文 Skeleton，支撑体）和 I（Infill，填充体）分离。结构体沿外侧布置，内部形成大空间安装内装系统。内装部分采用工厂预制、现场干式施工的方式，底面采用架空地板，架空空间内铺设给排水管线，且在安装分水器的地板处设置地面检修口，以方便管道检查和修理使用；顶面采用吊顶设计，将各种设备管线铺设于轻钢龙骨吊顶内的集成技术，可使管线完全脱离住宅结构主体部分；在内间系统的外部侧面，采用双层墙做法。架空空间用来铺设电气管线、开关、插座，同时可作为铺设内保温所需空间；在室内采用轻钢龙骨或木龙骨隔墙，能够保证电气走线以及其他设备的安装尺寸；可根据房间性质不同龙骨两侧粘贴不同厚度、不同性能的石膏板，同时，拆卸时方便快捷，又可以分类回收，大大减少废弃垃圾量；另外，项目还实施了油烟直排技术、干式地暖节能技术、新风换气系统、适老性技术等[29]。

在雅世合金公寓中，应用了整体厨卫。整体厨卫采用一体化设计，各种部品、设备以及管线，进行合理布局与衔接，尤其是整

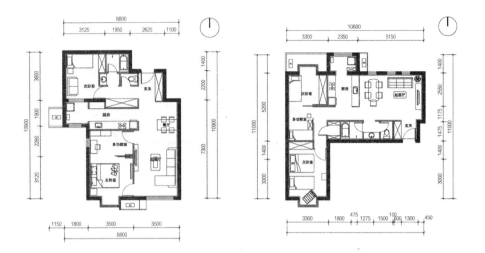

图 57 雅世合金公寓部分户型平面图

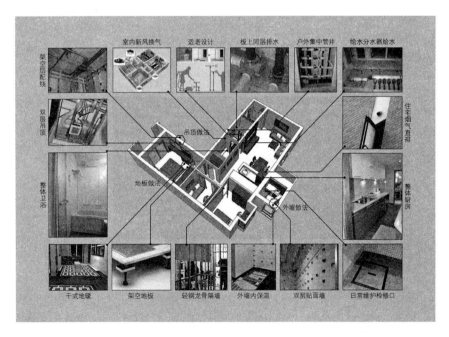

图 58 雅世合金公寓内装体系

表6 雅世合金公寓技术要点

部位	要点（括号内为说明）
总体	内装和主体结构分离
墙体	内部墙体可拆（轻钢龙骨石膏板隔墙）
管道井	户外公共管道井
管线	管线和墙体分离。采用同层排水。设检修口，方便检查水管、电路（顶部设轻钢龙骨吊顶，架空空间内设置电气线路；底部设架空地板，架空空间内设排水管道）
采暖方式	独户采暖
排风	厨房内油烟直排
	厕所采用整体卫浴排风设施
	室内安装新风负压换气系统
计量方式	分户计量
检修	在合适的位置设检修口
厨房	油烟直排
	整体厨房
	厨具、厨房家电、厨房五金（热水器、燃气灶、脱排、烤箱、微波炉）
卫生间	整体卫浴间（采用整体式卫浴间，底盘一次成型，杜绝漏水现象，材质易于清洁）
	干湿分离（如厕空间、洗浴空间、盥洗空间三分离）
	洁具
玄关	全部采用独立玄关（设综合收纳柜）
储藏	固定收纳（玄关、卧室）
	移动家具
	部分设步入式衣帽间
厅房	地板、内门（采用实木地板、实木复合、复合地板、新型地板等）
家电	配置家电（家电包含空调、冰箱、洗衣机等）
家务空间	预设洗衣机底盘

体卫浴采用一体化防水底盘，有效防止漏水等现象的发生。另外，在位置分布上，厨卫集中布置，力求水核集中；在具体实施上，为了施工的方便性、提高防水性和耐久性，项目采用工业化生产现场拼装的方式，满足创新生活的需要、实现可持续发展的要求，也是区别于普通城市住宅的重要特点。

虽然雅世合金公寓也仅仅是初步实践了内装产业化体系的各项技术，很多技术尚不成熟，但项目引起了很大的社会反响，内装工业化的研究和实践逐渐兴盛。2014年，绿地百年宅项目建成，吸取了雅世合金公寓的内装工业化和部品集成的经验，研发了四大技术集成：SI技术、干式内装、绿色技术、舒适技术。同时，在所用材料和部品方面，考虑了如何更满足中国人的审美，如科逸开发的整体浴室，采用石材贴面材质，外观更为精美。

总之，我国的住宅工业化经过半个多世纪的发展，逐渐完成了从求量到求质的转变，从社会、资源和环境的可持续发展出发，实现我国从资源消耗型向资产持续型的整体转型已成为当前的首要课题。应尽快建立完善行业标准，逐步提高我国住宅工业化水平，解决我国建筑使用寿命短、能耗高、改造难度大的问题，实现建设方式的升级换代。国家要加大投入，结合我国国情，自上而下对行业进行规范，推动示范项目的建设；研发设计部门需要增加技术投入，结合我国的发展阶段和施工建设水平，尽快摸索出一条效果明显、操作简单的工业化体系的设计和施工方式。

参考文献

[1] Stephen Kendall. Prospects for Open Building in the U.S. Housing Industry[C].International Seminar on Urban Housing: Towards the 21 Century: Planning, Design, and Technology. Taipei and Tainan, Taiwan, 1994.

[2] Stephen H. Kendall, Jonathan Teicher. Residential Open Building[M]. Taylor & Francis. 1999.

[3] Habraken N J. The uses of levels[J]. Open house international, 2002, 27 (2): 9-20.

[4] 日本住宅公团企画调查室调查课编, KEP 的介绍. 日本住宅公团调查研究期报. (48) 1975.

[5] 深尾精一, 耿欣欣. 日本走向开放式建筑的发展史 [J]. 新建筑, 2011 (06): 14-17.

[6] センチュリーハウジング 推進協議会.センチュリーハウジングステムガイドブック. 平成 9 年

[7] Frans Van Der Werf, open building and sustainability in practice. The 2005 World Sustainable Building Conference, Tokyo: 3030-3035, 2005

[8] Stephen H. Kendall, Jonathan Teicher. Residential Open Building[M]. Taylor & Francis. 1999.

[9] Karel Dekker. Research information: Open Building Systems: a case study, Building Research & Information. 26 (5): 311-318, 1998.

[10] Stephen Kendall. An Open Building Industry: Making Agile Buildings That Achieve Performance for Clients[C]. 10th International Symposium Construction Innovation & Global Competitiveness, September 9th-13th, 2002.

[11] 日内瓦大学 Ecology in Architecture Design 专项 (http://www.unige.ch/cuepe/virtual_campus/module_building/_case_studys/page_02_english.htm)

[12] 贾倍思. 高舒适、低能耗——中国大量住宅设计的目标. 建筑技艺. 2013 (01): 80-89, 79.

[13] Kahri, Esko, PlusHome Ltd., Finland. PlusHome – Open Building Concept[C]. The 10th Annual Conference of the CIB W104 Open Building Implementation. September20th-22th, 2004.

[14] ArkOpen 公司网站 (www.arkopen.fi)

[15] Stephen Kendall. Tila open building project in Helsinki. 开放建筑网站 (open-building.org)

[16] 美国建筑师协会加州分会网站 (http://www.aiacc.org)

[17] 胡士德. 北京住宅建筑工业化的发展与展望 [J]. 建筑技术开发, 1994 (02): 40-44.

[18] 建筑技术南宁全国工业化住宅建筑会议特约通讯

员. 国内工业化住宅建筑概况和意见建筑技术发 [J].1979 (01): 6-8.

[19] 北京市前三门统建工程指挥部技术组. 前三门统建工程大模板高层住宅建筑标准化的几个问题 [J]. 建筑技术, 1978 (Z2): 8-26.

[20] 全国多层砖混住宅新设想中选方案刊 [J]. 建筑学报, 1984 (12): 2-13.

[21] 鲍家声. 支撑体住宅规划与设计 [J]. 建筑学报, 1985 (02): 41-47.

[22] 刘燕辉主编. 中国住房 60 年(1949-2009)往事回眸 [M]. 北京: 中国建筑工业出版社, 2009.

[23] 我国住宅产品生产现状与发展 [R]. 建设部居住建筑与设备研究所.

[24] 中日 JICA 住宅项目. 中国城市小康住宅研究综合报告 [R]. 小康住宅课题研究组.

[25] 石永利. 用工业化技术生产经济适用住宅——99TS 住宅体系简介 [J]. 建筑学报, 2000 (07): 33-35.

[26] 封浩, 颜宏亮. 工业化住宅技术体系研究——基于"万科"装配整体式住宅设计 [J]. 住宅科技, 2009 (08): 33-38.

[27] 张博为. 基于 PCa 装配式技术的保障房标准设计研究 [D]. 大连理工大学, 2013.

[28] 刘东卫, 蒋洪彪, 于磊. 中国住宅工业化发展及其技术演进 [J]. 建筑学报, 2012 (04): 10-18.

[29] 苗青, 周静敏, 郝学. 内装工业化体系的应用评价研究——雅世合金公寓居住实态和满意度调查分析 [J]. 建筑学报, 2014 (07): 40-46.

图片来源

1 Stephen H. Kendall, Jonathan Teicher. Residential Open Building. Taylor & Francis. 1999.

2 苗青据 http://open-building.org/ob/concepts.html 网站资料绘制

3 UR 都市机构: Kikou Skeleton and Infill Housing

4 Frans Van Der Werf, open building and sustainability in practice[C]. The 2005 World Sustainable Building Conference, Tokyo: 3030-3035, 2005.

5 鲍尔州立大学数据库 (http://cms.bsu.edu/)

6 鲍尔州立大学数据库 (http://cms.bsu.edu/)

7 鲍尔州立大学数据库 (http://cms.bsu.edu)

8 Google Earth

9 鲍尔州立大学数据库 (http://cms.bsu.edu)

10 鲍尔州立大学数据库 (http://cms.bsu.edu)

11 苗青据 Irene Virgili. Metodologie Progettuali Per La Trasformazione Sostenibile Dell' esistente. Facoltà di Architettura di Ascoli Piceno. 2010 相关资料绘制

12 苗青据 Stephen Kendall. An Open Building Industry: Making Agile Buildings That Achieve Performance for Clients. 10th International Symposium Construction Innovation & Global Competitiveness, September 9th-13th, 2002 相关资料绘制

13 苗青据 Irene Virgili. Metodologie Progettuali Per La Trasformazione Sostenibile Dell' esistente. Facoltà di Architettura di Ascoli Piceno. 2010 相关资料绘制

14 日本建筑学会开放建筑小委员会网站 (http://www.aij.or.jp)

15 日本建筑学会开放建筑小委员会网站 (http://www.aij.or.jp)

16 Stephen Kendall: An Introduction To Open Building

17 日内瓦大学 ecology in architecture design 专项 (http://www.unige.ch/cuepe/virtual_campus/module_building/_case_studys/page_02_english.htm)

18 日内瓦大学 ecology in architecture design 专项 (http://www.unige.ch/cuepe/virtual_campus/module_building/_case_studys/page_02_english.htm)

19 http://www.baumschlager-eberle.com

20 日内瓦大学 ecology in architecture design 专项 (http://www.unige.ch/cuepe/virtual_campus/module_building/_case_studys/page_02_english.htm)

21 建筑师网站资料 (http://www.baumschlager-eberle.com)

22 苗青根据 http://www.unige.ch/cuepe/virtual_campus/module_building/_case_studys/page_02_english.htm 相关资料绘制

23 ArkOpen 公司网站 (www.arkopen.fi)

24 ArkOpen 公司网站 (www.arkopen.fi)

25 Kahri, Esko, PlusHome Ltd., Finland. PlusHome-Open Building Concept[C]. Open Building and Sustainable Environment. The 10th Annual Conference of the CIB W104 Open Building Implementation. United States, 2004.

26 Kahri, Esko, PlusHome Ltd., Finland. PlusHome-

Open Building Concept. Open Building and Sustainable Environment. The 10th Annual Conference of the CIB W104 Open Building Implementation. United States, 2004.

27 Kahri, Esko, PlusHome Ltd., Finland. PlusHome-Open Building Concept[C]. Open Building and Sustainable Environment. The 10th Annual Conference of the CIB W104 Open Building Implementation. United States, 2004.

28 Kahri, Esko, PlusHome Ltd., Finland. PlusHome-Open Building Concept[C]. Open Building and Sustainable Environment. The 10th Annual Conference of the CIB W104 Open Building Implementation. United States, 2004.

29 美国建筑师协会加州分会网站（http://www.aiacc.org）

30 Stephen Kendall, Tila open building project in Helsinki, 开放建筑网站（open-building.org）

31 Stephen Kendall, Tila open building project in Helsinki, 开放建筑网站（open-building.org）

32 Stephen Kendall, Tila open building project in Helsinki, 开放建筑网站（open-building.org）

33 Stephen Kendall, Tila open building project in Helsinki, 开放建筑网站（open-building.org）

34 Stephen Kendall, Tila open building project in Helsinki, 开放建筑网站（open-building.org）

35 Stephen Kendall, Tila open building project in Helsinki, 开放建筑网站（open-building.org）

36 Stephen Kendall, Tila open building project in Helsinki, 开放建筑网站（open-building.org）

37 Stephen Kendall, Tila open building project in Helsinki, 开放建筑网站（open-building.org）

38 清华大学建筑学院（http://www.arch.tsinghua.edu.cn/xiaoyou/cj/1946-1970/index.html）

39 司红松根据《中国城市小康住宅研究综合报告》绘制

40 司红松根据《中国城市小康住宅研究综合报告》绘制

41 开彦，郭水根，童悦仲，周尚德. 小康试验住宅. 建筑知识[J].1993（02）: 9-11.

42 苗青根据"曹凤鸣. 'TS'体系—灵活可变的居住空间[J]. 建筑学报, 1993（03）: 14-17."论文插图绘制

43 石佳琪、何凌芳、苗青根据《中国住房 60 年(1949-2009) 往事回眸》资料绘制

44 远大住工官网 http://bhome.hnipp.com

45 远大住工官网 http://bhome.hnipp.com

46 石佳祺、何凌芳根据《住区》2007, 总第 26 期内容绘制

47 周静敏提供

48 引自《建筑学报》2012 年第 4 期

49 引自《建筑学报》2012 年第 4 期

50 引自《建筑学报》2012 年第 4 期

51 根据原万科集团建筑研究中心楚先锋提供的相关资料绘制

52 根据原万科集团建筑研究中心楚先锋提供的相关资料绘制

53 根据原万科集团建筑研究中心楚先锋提供的相关资料绘制

54 周静敏提供

55 苗青绘制

56 苗青摄

57 苗青绘制，部分图片来自"刘东卫，张广源. 雅世合金公寓 [J]. 建筑学报, 2012（04）: 50-54".

58 苗青绘制

表格来源

表 1: 苗青绘制

表 2: 苗青绘制

表 3: 高颖. 住宅产业化—住宅部品体系集成化技术及策略研究 [D]. 同济大学博士论文, 2006.

表 4: 根据《小康住宅研究报告》相关内容绘制

表 5: 据原万科集团建筑研究中心楚先锋提供的相关资料绘制

表 6: 苗青绘制

方案设计

1+N 宅

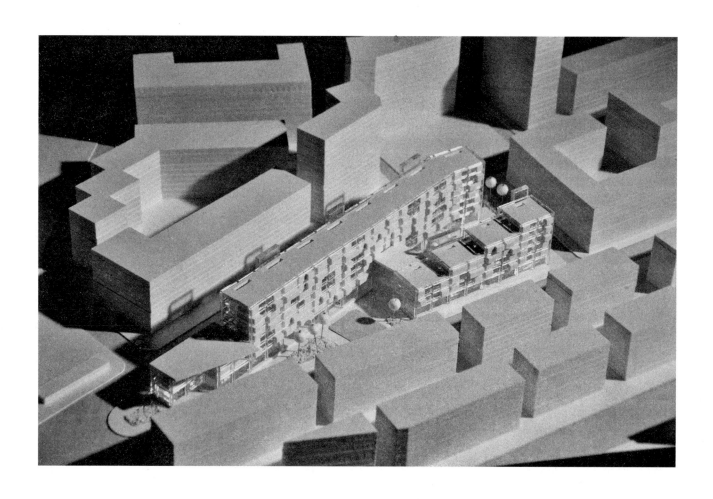

随着社会和时代不断的发展与进步，人们对生活品质的要求也日益提高。无论年龄、职业，无论是刚进入社会的年轻人、已组成家庭的中年人、还是步入暮年的老年人，对住房的需求都有着各自独有的特征。住宅，作为人们日常生活的载体，其设计和建造模式自然也需要相应的改变。

　　在传统一成不变的居住模式下，空间的冗余与不足等问题日益显著。那么，家庭的居住模式是否还应该围绕着传统的"客卧卫厨"这样标配的模式进行住宅设计？当今乃至未来的住宅应如何应对现代人对住宅灵活性的需求而进行设计呢？

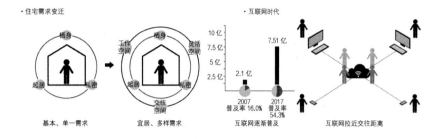

・住宅需求变迁

基本、单一需求 宜居、多样需求

・互联网时代

互联网逐渐普及 互联网拉近交往距离

1 设计背景

・开放建筑理论体系

开放建筑体系将人居环境分为城市肌理层次、建筑主体层次、可分体层次三个层级，其中针对住宅建筑，可分为"支撑体"和"填充体"两个部分。

"支撑体"与"填充体"具有不同的生命周期。建筑的生命周期与"支撑体"的生命周期同步，而应对使用阶段中人群对建筑需求的不断变化，可对"填充体"进行不断的维修、更新、改造。开放建筑理论体系最大的特点就是——建筑本身与建筑功能无必然联系，同样的建筑本体可以承载多样的建筑功能。

・人们对住宅需求的变迁

在社会经历不同时期的发展中，人们根据不同的时代的需要，对住宅的需求必然也发生了巨大的改变。

人们从以往基本、单一的居住需求——住宅仅需满足最基本的栖身、起居等使用需求，发展到今日宜居、多样的居住需求——

在基本需求之外，住宅还需要满足人们工作、社交等其他的需求。21世纪人们对居住的需求则更是呈多样化发展的趋势。

・互联网时代

自1969年在美国诞生，互联网以人们无法想象的速度迅速发展。

在中国，互联网的普及率迅猛增长，"互联网＋"思维影响着各行各业的发展。21世纪的今天，我们正处在一个"互联网时代"。通过互联网，人们可以即时、便捷地实现通讯、社交、贸易、资源共享等需求，互联网正在逐步拉近人与人之间的距离。

与住宅产业相结合的智能社区、智能家居等一系列互联网产物的出现，正在为人们创造一个更美好的"居住环境"。

毋庸置疑，当今社会，用传统的模式建造住宅已经不能满足时代发展的需求。如何应对发展和互联网时代的潮流趋势，如何满足居民多样的、变化的需求？住宅的设计和建造需要寻找新的突破。

2　调研和出发点

为了进一步明确需求，在设计之初，小组成员对设计的基地——上海杨浦区创智坊进行了多次实地调研，并在上海选取了4户家庭进行了入户调研。

其中基地调研采取问卷发放和现场访谈的形式，对基地中的居住人群、居住环境、服务设施、居住意愿及存在问题进行了一定的调查。入户调研内容则包括对住户居住行为、户型布局、住宅管线布局、居住现状进行了访谈并绘制了相关图纸。调研为之后的设计提供了一定的基础。

2.1　基地概况

创智坊位于上海市五角场商圈，是杨浦区"知识创新基地"创智天地的组成部分，规划目的是为年轻创业者提供居住、工作、生活的高品质居住创业社区，集住宅、办公、零售、休闲、娱乐等多功能设施于一体。

我们对不同的住户进行了访谈，发现住户对于整个社区的需求大致体现在以下两个方面：

社交空间需求：青年人的社交活动最多，种类丰富、频率高，尤其是夜间的社交活动；中年人的生活方式多为工作日白天工作、晚上回归家庭，周末有时会外出活动，相比青年人更加专注于家庭活动，对外社交需求明显下降；老年人伴随子女的离开，为了重新获得社会的认可、找寻自我的社会价值，他们的社交需求又呈现回升状态。综合可得，随着年龄的增长，人们对社交空间的需求大致呈"U形"变化。

居住空间需求：青年人对居住的需求相对简单，呈一体化的态势，一般仅需满足简单的休憩、起居的需求，或是结合工作空间，形成一体化居住空间；中年人随着家庭结构的变化，对户内的居住空间的需求多呈扩张式增加；而老年人对居住空间的需求往往向实用性与适老化发展。

综合可得，随着年龄的增长，人们对居住空间的需求是变化的，变化趋势大致呈"倒U形"。

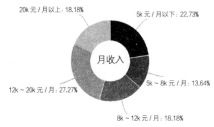

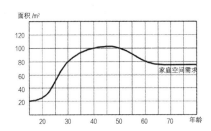

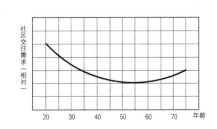

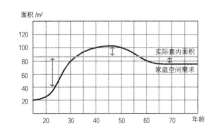

2.2　基地调研问卷和访谈分析

我们采用问卷与访谈相结合的方式进行基地调研，对问卷进行统计分析后可以得出以下结果：

对基地内住户的年龄、家庭组成、月收入情况等方面统计发现，创智坊住区虽规划为青年社区，但具有住户年龄跨度大、家庭组成复杂、不同层次人群混杂的特点；

创智坊存在自购和租住两种居住形式，租住所占比例较大，且大多数住户有长期租住的意愿；

住户兴趣爱好广泛，但居民普遍反映社区空间被商业所挤占，缺乏交流共享空间与户外活动空间，邻里关系淡漠。

在以上结论中我们可以发现，人们社交空间需求与居住空间需求存在一种互补关系，即二者处于一种动态平衡状态。在人的生命周期内，固定的住宅面积无法与其不同阶段对于居住空间的需求相匹配，即会出现空间冗余，也会出现空间不足。因此，我们将人们对社交与居住需求的动态平衡关系作为我们设计的出发点。

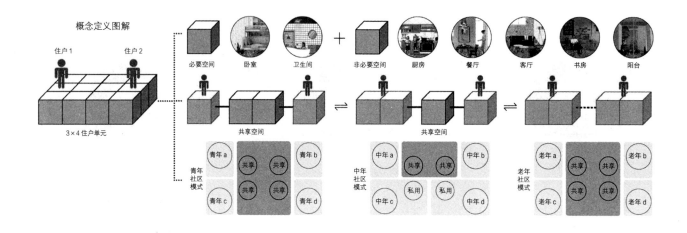

概念定义图解

住户1　住户2

3×4住户单元

必要空间　卧室　卫生间　＋　非必要空间　厨房　餐厅　客厅　书房　阳台

共享空间　共享空间

青年社区模式 | 青年a 青年c 共享 共享 共享 共享 青年b 青年d
中年社区模式 | 中年a 中年c 共享 共享 私用 私用 中年b 中年d
老年社区模式 | 老年a 老年c 共享 共享 共享 共享 老年b 老年d

3　概念设计

3.1　相关概念定义

结合上述调研分析结果，为了应对人们对社交空间需求与居住空间需求二者之间的动态平衡关系，我们将有别于传统的居住模式，提出一种新的居住模式。在探讨新的居住模式之前，我们选取了3组关键词对其重要组成部分进行定义。

・必要空间和非必要空间

住宅最基本的功能是满足人最基本的居住需求——生理需求。因此，对于任何住户，必不可少的是卧室空间，以解决日常的休憩需求。现代人对私密性的需求，卫生间空间也成为户内必需的空间。剩余如厨房、餐厅、客厅、书房等空间均是人们日益丰富的生活的产物，是居住的非必要空间，它们可以根据人们的不同需求进行配置。

・公共空间

将室内的非必要空间定义为户内的半公共空间。根据冗余空间的低效使用和空间容量不足的现状，提出可以减少户内半公共空间面积，增加多户组合共享、动态使用空间可能性这一理念。

・共享社区社交模式

根据不同年龄阶段人群的需求特征，将会形成3种具有代表性的社区交往模式，青、老年社区共享空间比例将会高于中年社区。

3.2　设计定位及目标

结合以上分析，我们决定围绕"居住与交往"展开设计。

社区定位：打造一个交往空间与居住空间相互平衡的动态活力社区，为不同的行为需求提供平台与空间。

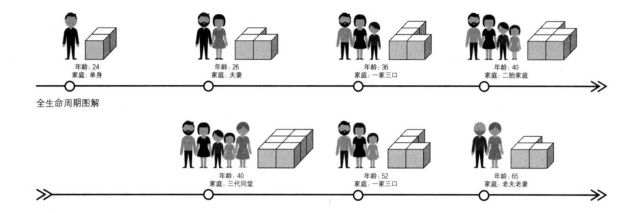

全生命周期图解

人群定位：为不同年龄、不同层级的人群提供集居住与社交于一体的居住单元。人们能在不同居住阶段实现自己不同的需求，并且达到邻里交往充足的状态。

设计目标：旨在从私人空间层级、户内共享空间层级、社区交往空间层级三个层级全方位为各类人群提供一个良好的居住与社交空间。

3.3 概念提出

我们将开放建筑理论体系作为我们设计实现的手段，通过对不同人群定制设计来满足住户对居住的多样化需求，并借助互联网搭设社区网络平台作为后备支持。提出了"1+N宅"的概念。

· 网格化设计手段

开放建筑具有的最大的特点就是开放，即建筑本身与空间功能无必要联系，小组成员采用网格化的手段来应对人的全生命周期内的需求变化。

设计采用网格化的手段，将设计目标关注的居住与社交空间同步进行设计。我们采取3×4格子作为一个单元，在每一个单元内，初始入住两个住户家庭，每户家庭只能在各自2×3格内进行扩增。每个家庭居住增减范围为2～6格。单元内两个户型互不干扰。根据家庭组成与需求的实际变化，由"必要空间"2格开始，租用相对数量单位格来满足需求。由此可以提供多样的住户空间。

住户居住之外的单元格在两户进行协商后进行租用，作为共享社交空间，可设置私人功能之外的半公共空间，增加两户接触交往的机会，促进邻里的交往。

户内空间与交往空间动态平衡

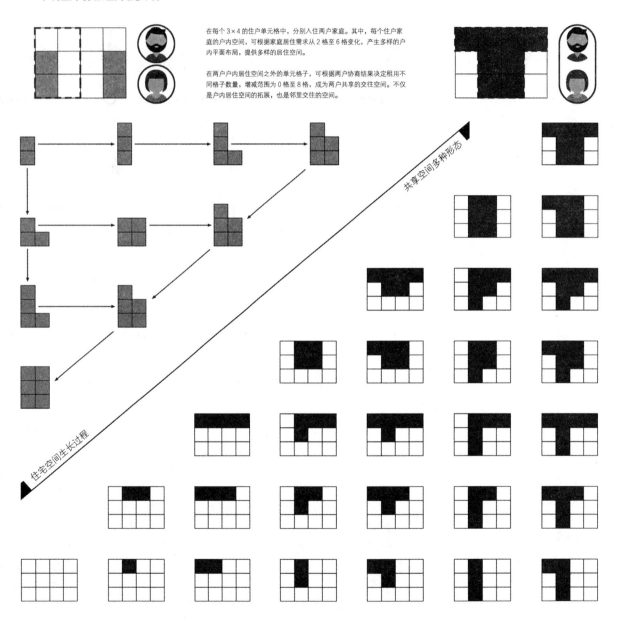

在每个3×4的住户单元格中，分别入住两户家庭。其中，每个住户家庭的户内空间，可根据家庭居住需求从2格至6格变化，产生多样的户内平面布局，提供多样的居住空间。

在两户户内居住空间之外的单元格子，可根据两户协商结果决定租用不同格子数量，增减范围为0格至8格，成为两户共享的交往空间。不仅是户内居住空间的拓展，也是邻里交往的空间。

共享空间多种形态

住宅空间生长过程

户内模块自选		
卧室	卫生间	
+		
厨房	餐厅	客厅
阳台	书房	储藏室
衣帽间	琴房	游戏室
……		

格子租金设置			
0元	0元	x/2元	x元
x元	x/2元	x/2元	x元
x元	x/2元	x/2元	x元

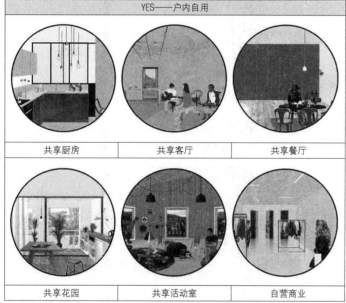

YES——户内自用		
共享厨房	共享客厅	共享餐厅
共享花园	共享活动室	自营商业

NO——社区服务		
社区服务	社区活动	出租商业

同时随着户型的变化，共享的社交空间也随之发生变化。

· 个性化租用体制

那么在提出了网格化的概念之后，如何让两户家庭在满足自身需求的同时又能实现空间高效的共享呢？我们提出了一套个性化租用体制。

每单元内含有3×4格，每个格子可根据自身需求进行租用。首先考虑户内自用单元格的租用。户内模块由"卧室"+"卫生间"为基础，剩余居住模块如厨房和餐厅、客厅、阳台、书房、储藏室等自选进行搭配。对于公共空间，若租用，则可为共享厨房和餐厅、共享客厅、共享活动室、自营商业等；如不租用，则由社区收回，用于社区服务用房，如社区办公、社区活动、社区商业等。

我们对公租房进行了租金体制的设计。设定每户住户租用为自身居住的单元格租金为 x 元 / 格，而用于共享社交的单元格租金为 0.5x 元 / 格，并由两户家庭共同承担租金。

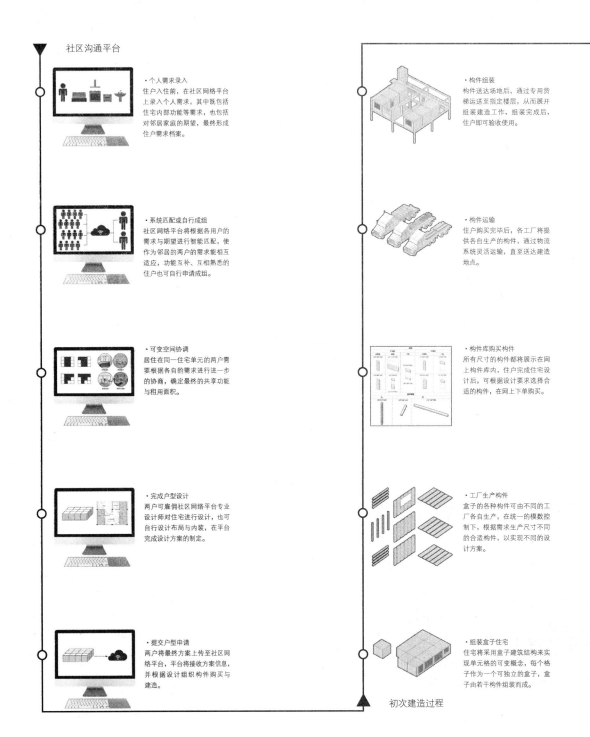

社区沟通平台

· 个人需求录入
住户入住前，在社区网络平台上录入个人需求，其中既包括住宅内部功能等需求，也包括对邻居家庭的期望，最终形成住户需求档案。

· 系统匹配或自行成组
社区网络平台将根据各用户的需求与期望进行智能匹配，使作为邻居的两户的需求能相互适应，功能互补、互相熟悉的住户也可自行申请成组。

· 可变空间协调
居住在同一住宅单元的两户需要根据各自的需求进行进一步的协商，确定最终的共享功能与租用面积。

· 完成户型设计
两户可雇佣社区网络平台专业设计师对住宅进行设计，也可自行设计布局与内装，在平台完成设计方案的制定。

· 提交户型申请
两户将最终方案上传至社区网络平台，平台将接收方案信息，并根据设计组织构件购买与建造。

· 构件组装
构件送达场地后，通过专用货梯运送至指定楼层，从而展开组装建造工作，组装完成后，住户即可验收使用。

· 构件运输
住户购买完毕后，各工厂将提供各自生产的构件，通过物流系统灵活运输，直至送达建造地点。

· 构件库购买构件
所有尺寸的构件都将展示在网上构件库内，住户完成住宅设计后，可根据设计要求选择合适的构件，在网上下单购买。

· 工厂生产构件
盒子的各种构件可由不同的工厂各自生产，在统一的模数控制下，根据需求生产尺寸不同的合适构件，以实现不同的设计方案。

· 组装盒子住宅
住宅将采用盒子建筑结构来实现单元格的可变概念，每个格子作为一个可独立的盒子，盒子由若干构件组装而成。

初次建造过程

二次改造过程

· 住宅变更协商
住户可能会由于家庭人数增减
或其他需求变更，而决定租用
更多居住单元或减少面积的占
用，两户需进行协商以减少给
对方带来的不便。

· 确定变更方案
住户达成统一意见后，便对所
有布局与功能进行调整，根据
新的需求制订新的住宅方案，
随后上传至社区网络平台。

· 构件购买与运输
部分构件可循环使用，若需要
增加新的构件搭建额外的空
间，需再次访问构件库进行二
次购买与运输。

· 箱体改装与调整
改造过程将拆除需要改造的部
分箱体，优先在改动部分进行
建造，随后调整箱体内部整体
布局以容纳新的功能与房间。

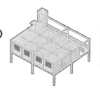

· 完成二次改造
内部空间改造结束后将进行内
装工作，最终完成改造。后期
随着住户的生活状态的变化，
可进行多次改造。

· 社区网络平台技术支持

我们设计搭建一个社区网络平台，以便
更好地满足住户在社区内的居住体验。该社
区网络平台包括住户信息、户型数据、构件
订购三个板块：

住户初入社区，在平台上进行个人偏好
录入，包括对个人居住的需求和对邻居家庭
的期望。在后台进行数据匹配，最大程度提
高两户家庭的匹配度。原本已经熟识的家庭
亦可自行成组。随着邻居的搬离，住户可以
继续重新匹配，迎来新的邻居。

在组团之后，进行户内与共享空间的协
商设计，确定单元平面。在之后的改造过程
中，同样可以选择在线上或者线下进行协商，
重新确定改造后的单元平面，提出户型申请。

完成单元平面申请后，由后台进行自助
采用，采购单元所需要的构件，住户也可以
自行在网络平台进行家具、门窗、饰面等选
择。构件选择完毕后，在云端提交给相应厂
家，由厂家统一配送，节约成本。

盒子类型

1 单身青年

年龄: 24岁
家庭组成: 单身一人
住宅需求: 栖身即可

2 年轻夫妇

年龄: 24岁 26岁
家庭组成: 夫妻二人
住宅需求: 居家工作

3 一家三口

年龄: 35岁 37岁 8岁
家庭组成: 父母女儿
住宅需求: 家庭娱乐

4 共享厨房

住户1: 一家三口
住户2: 老年男子
共享空间: 共用厨房餐厅
　　　　　 老少相互照顾

5 娱乐健身

住户1: 单身青年
住户2: 年轻夫妇
共享空间: 组织多人桌游
　　　　　 健身锻炼

6 通高工作室

住户1: 单身青年
住户2: 单身青年
住户3: 单身青年
住户4: 单身青年
共享空间: 一层雕塑工作室
　　　　　 二层休闲娱乐

7 社区茶室

服务对象: 老少皆宜
内部活动: 聊天喝茶

8 社区阅览室

服务对象: 老少皆宜
内部活动: 图书漂流

9 攀岩墙壁

服务对象: 青年人
内部活动: 攀岩练习

10 奶茶店

服务内容: 售卖奶茶
　　　　　 外摆桌椅

11 便利店

服务内容: 售卖各类商品
　　　　　 提供座位电源

12 咖啡厅

服务内容: 售卖咖啡饮品
　　　　　 提供座位电源
　　　　　 外摆若干桌椅

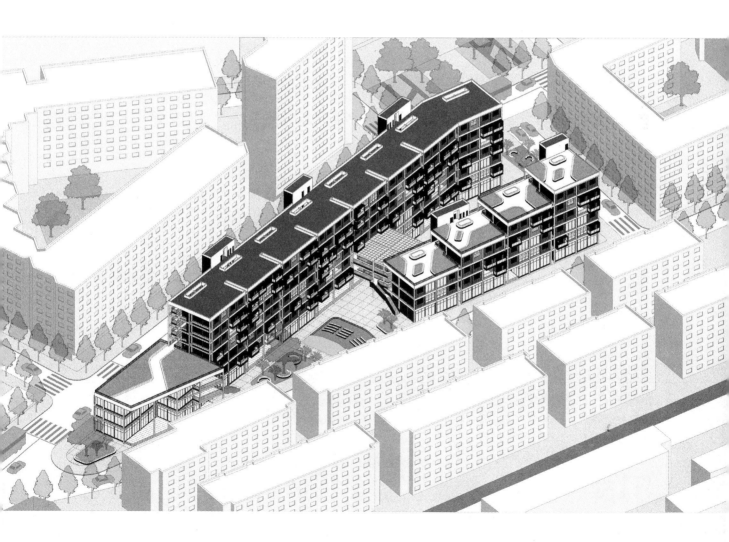

社区商业设施

社区图书及廊道

居住及半公共空间

・结构形式选择——盒子建筑

考虑实现网格化的概念，我们选用盒子建筑作为建筑结构形式。结构体盒子框架采用钢框架，填充体采用固体板材组装式，这样的盒子建筑工业化程度高、现场施工周期短、湿作业少，同时各个构件便于各个工厂分工制造、分散运输的优点。

・模数确定

在确定采用盒子建筑的概念之后，我们需要进行的是空间尺寸即模数的确定。

首先我们对传统居住模块进行尺寸探究时，可以发现 3600mm×3600mm 是一个基本可满足所有模块空间的基本尺寸。因此我们将 3600mm×3600mm 作为我们的单元格尺寸，每户可以实现 $26m^2 \sim 78m^2$ 的自由增减变化。

在对空间扩大模数和部品扩大模数的研究后，我们采取空间以 600mm 为扩大模数，部品以 150mm 为扩大模数，相对于单网格轴线，这样的网格模数便于墙体与部品的定位，空间的组合协调。

两格户型 A1—普适型

两格户型 A2—适老型

三格户型 B1—普适型

4 三个层级的深化

我们的设计旨在实现 3 个不同开放程度的层级——私人空间层级、户内共享空间层级、社区交往空间层级。

私人空间层级则是我们每户住户单独使用居住的空间，具有较高的私密性；户内共享空间层级则是两户共享的半公共空间，具有一定的私密性与公共性；而社区交往空间层级则体现在栋内社区活动空间与社区公共绿地等空间。

3 个层级的共同合作，为社区住户提供一个由完全私密到完全开放的居住到社交的空间，提高了整个社区的活跃度，打造了一个居住与社交共生的和谐社区。

4.1 私人空间层级——户型设计

所谓的私人空间层级，即是每户家庭独自使用的居住空间。在核心家庭成员的全生命周期内，整个家庭对居住空间的需求将呈现由 2 格向 6 格增加再减至 2 格或 3 格的情况。因此，在对户型的研究上，我们根据家庭的不同阶段，列举了一些具有代表性的情况。当然，根据人们个性化的需求，户型还有各种各样的可能性。

单身青年经济能力有限，在租房初期，他可能会选择两格单元格进行租用，并简单布置休息为主的功能，甚至舍弃厨房和餐厅功能。

当小家庭迎来生命中的另一半，需要更多居住空间，可以增加厨房和餐厅、小客厅等功能，将住宅扩张成为 3 格。

随着家庭中的新生命到来，居住的空间显得较为局促。而对于多子家庭，空间不足则更为紧迫，居住空间可能向 4 格或 5 格扩张。此时，家庭对卧室、储藏的需求开始增加。

有些住户可能会将父母接入家中一同生活，家庭居住空间的格局可能扩张到最大的 6 格空间。

随着父母的离开，孩子外出上学，夫妻对居住空间的需求又慢慢回归到 5 格或 4 格。

当用户步入暮年，开始追求无障碍的居住空间。对功能的需求也渐渐回归简单，空间规模又回到了 3 格或 2 格的状态。

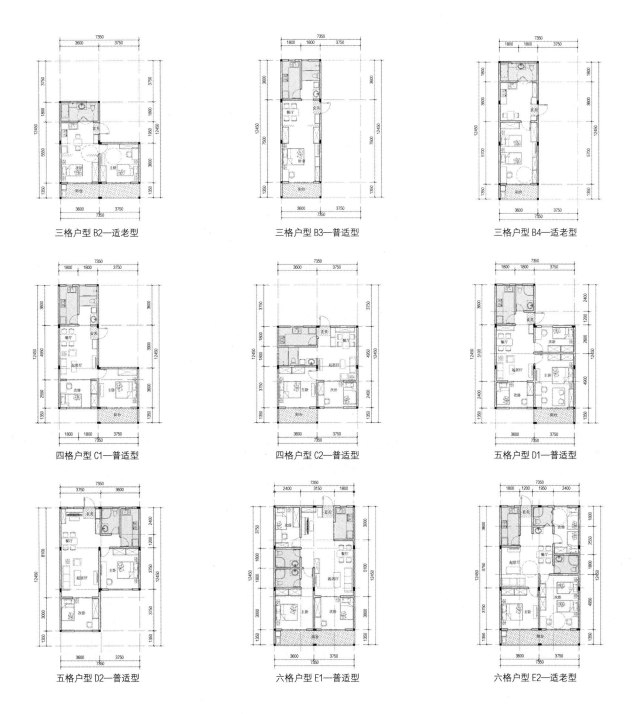

三格户型 B2—适老型

三格户型 B3—普适型

三格户型 B4—适老型

四格户型 C1—普适型

四格户型 C2—普适型

五格户型 D1—普适型

五格户型 D2—普适型

六格户型 E1—普适型

六格户型 E2—适老型

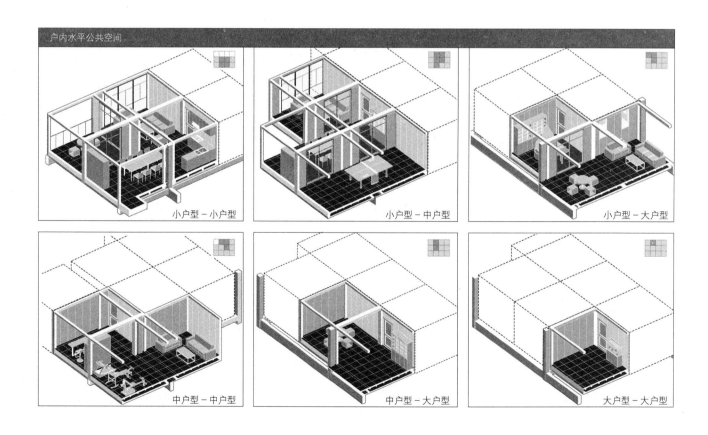

户内水平公共空间

小户型 – 小户型

小户型 – 中户型

小户型 – 大户型

中户型 – 中户型

中户型 – 大户型

大户型 – 大户型

4.2 共享空间层级——情景设计

共享空间中发生的情景总是围绕着两户租户的生活与户型展开。两户家庭任一户型的调整必然伴随共享空间户型的改变。户内居住空间在全生命周期内发生着2~4格的变化。因此，在对两户住户的情况组合排列整理后，在水平向的共享中，可得到以下六种公共空间情景：

小户型－小户型：当相邻两户人家均为小户型的情况下，住户家庭规模较小，私人空间满足基本起居需求，其余居住空间功能共享，共享空间面积较大。考虑到一定的经济限制，小户型户主无需将剩余的单元格全部纳入共享空间，只考虑租用一部分单元格作为他们的共享空间。剩余的单元格则被社区收回。

小户型－中户型：两户之间可共享一定的客厅、书房等功能，也可根据户主共同的爱好，设置娱乐室、影音室等交流空间。

小户型－大户型：这种情况下其中一户人口简单，另一户家庭成员丰富。剩余的单元格大多会被全部租用，成为共享空间。单元内可能有老中幼不同年龄段的人群，因此设置的共享功能需具备普适性，如户内花园、阅览、客厅等功能。

中户型－中户型：两户家庭的结构相似，为典型的育儿家庭或以孩子为中心的家庭。因此，共享空间内往往可以布置一些亲子活动的区域和儿童活动区域，让两户家庭能够更好地交流育儿经验。

中户型－大户型：在这种情况下，所剩余的共享空间面积较小，往往成为两户的入户空间。为了提供更好的交流平台，则可在共享空间中设置一些茶室、阅览等小型交往空间。

大户型－大户型：共享空间并入室内，甚至会出现分别设置入户廊入户的情况。

以上六种情景是在对水平变化情景进行举例和设想，户型进行平面的扩展。而另一方面，在这种模式下，是否会存在垂直方向的变化的可能性呢？

让我们试着从需求出现的原因来模拟公共空间进行垂直共享的可能性：

高度扩展型：如果某一共享功能对空间高度有一定的要求，如绘画、雕塑、音乐、运动等共享功能空间，那么就会出现垂直拓展的需求。于是，上下两个单元的住户进行协商沟通，可以采取 4 户进行一起共享的模式，实现个性化需求。

功能共享型：当住户在社区内交往之后发现，上下两单元住户发现对方共享的空间正好满足自己的需求，于是，他们进行协商，将空间进行垂直打通，进行功能的互换和共享。在这种情况下，4 户共同承担租金，获得双倍的功能享用。

面积共享型：此种情况可能出现在上下单元中一个共享空间面积富余，另一个则面积不足的情况下。通过协商，两单元之间可以达成一种双赢的共享结果，即大户型可以为小户型分摊租金，同时大户型又可以使用这些共享功能。

4.3 社区交往层级——情景设计

除了用户共享的公共空间以外，剩余的单元格则被社区进行收回，作为社区层级的服务空间。

我们对社区回收后的情况进行了设想，大致可以分为以下 3 种用途：

出租商业：社区统一收回后，可对外招租，也可自营，布置一些小型的商业空间，为整个社区的居民提供更快捷的服务。

社区基础服务：为了给住户提供更好的社区氛围与交流空间，需要有一定的社区配套，如图书阅览室、棋牌室、活动室等。社区可以将这些未被租用的单元格用于这些社区基础服务设施，使住户们可以享受高品质的社区服务。

社区自用办公：面积不足的零散空间，或可达性不足的空间，可作为社区自用，作为一些办公管理空间。

另外，随着时代的发展，共享的模式也可能发生变化。

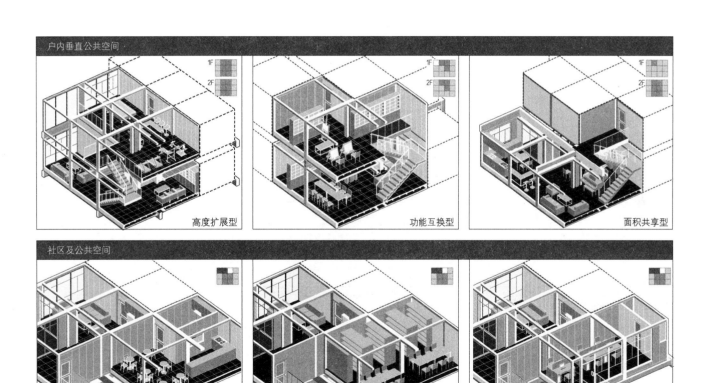

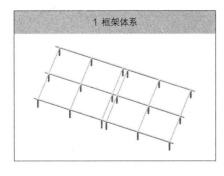

1 框架体系

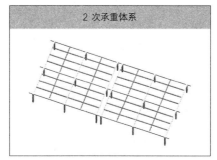

2 次承重体系

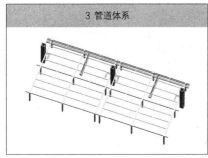

3 管道体系

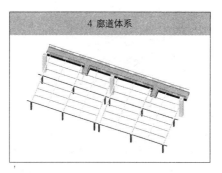

4 廊道体系

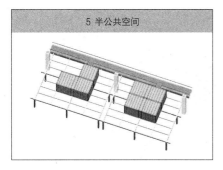

5 半公共空间

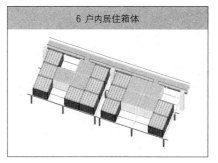

6 户内居住箱体

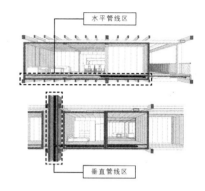

水平管线区

垂直管线区

5　技术支持

我们在提出了一个灵活可变的住宅模式之后，必须针对相应的技术设备进行研究，使方案具有可实施性。因此，我们针对其如何实现灵活可变进行技术方面的构想，并将其进行分类，使其更符合工业化生产的方式。

需要考虑搭建时和改造时两个阶段的可行性，采用工业化的技术手段，可实现住宅的灵活性。

5.1　搭建体系

整个体系分为支撑体与填充体两个部分，包括框架体系、箱体次承重体系、管道体系、廊道体系、半公共空间体系和户内居住箱体体系。建筑不变的支撑体由框架体系组成；箱体次承重体系与箱体体系相互配合承重；管道体系分为水平管线区与竖向管线区；廊道体系作为交通空间，住户通过入户廊入户；半公共空间体系和户内居住箱体体系共同组成住户的生活空间。

5.2　工业化构件库

住户在线制定户型平面之后，首先须在构件库进行构件的购买。根据平面进行箱体承重构件、阳台构件、水平垂直连接构件、管道管井构件、墙顶地构件、门窗构件、家具部品等构件。

所有的构件部品，我们均提供了多种形式产品，供住户进行多样选择。

5.3　管线分离技术

在住宅的改造与翻新过程中，管线分离技术在户内布局的改变、管线的更换维修等方面具有传统管线布局方式无法比拟的优势。因此在管线技术部分分别设置水平管线区和竖直管线区。

水平管线区采用同层排水技术，利用架空地板与结构箱体之间的中空部分进行户内管线铺设。采用标准化的综合管线接口与竖向管井连接，以进行管线集中。

竖直管线井设置在两个单元之间，水平廊道下设置电线及新风管道。入户廊下方设置表箱，管线通过表箱后再根据户内需求进行自由水平铺设。

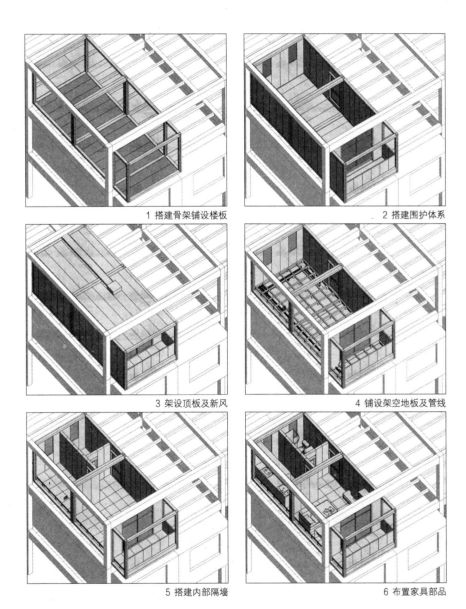

1 搭建骨架铺设楼板

2 搭建围护体系

3 架设顶板及新风

4 铺设架空地板及管线

5 搭建内部隔墙

6 布置家具部品

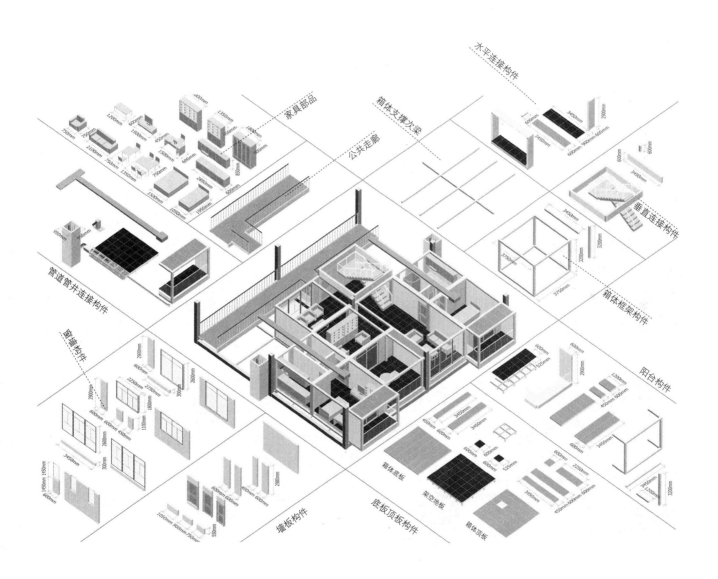

水平连接构件

家具部品

箱体支撑次梁

公共走廊

垂直连接构件

管道管井连接构件

箱体框架构件

阳台构件

幕墙构件

箱体底板

架空地板

箱体顶板

墙板构件

底板顶板构件

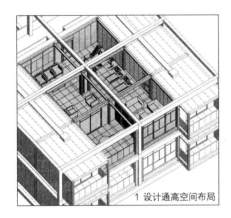

1 设计通高空间布局

2 拆除地板

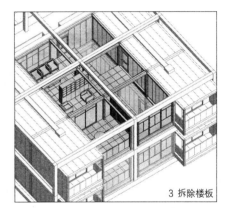

3 拆除楼板

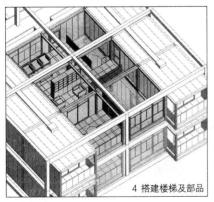

4 搭建楼梯及部品

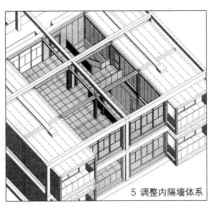

5 调整内隔墙体系

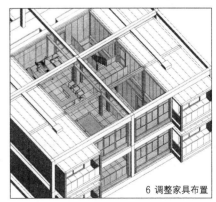

6 调整家具布置

5.4 灵活的改装

在本设计中，住宅空间的改变、居住空间和共享空间的此消彼长是非常重要的内容，所以住宅的灵活改装系统是极其重要的一环。

住户在初次搭建和二次改装的过程中，均可以在工业化构件库中挑选到适合的构件，实现灵活的搭建和改装。

内装墙体采用模数化拼装的方式，便于操作；家具部品多尺寸符合模数化尺寸设计，并可灵活移动；厨卫空间采用整体厨房、整体卫浴的方式，大大提高布局的灵活性；集成系统采用模块化方式拼接，适应性强；住户可根据自身需求进行门窗、阳台构件的选择与安装。

在进行居住空间的扩展时，也采用类似的方式，以两开间空间的扩展为例，首先设计通高空间的布局，然后拆除现有的地板；拆除楼板，将原来两户之间的缝隙进行补齐并搭建楼梯，这样，就完成了空间布局的初步改造。

通过调整轻质隔墙，可以对布局进行确定，继而在架空吊顶、架空地板等架空层布置管线，进行设备和部品的安装，最后，调整家具的布置，实现居住空间的更改。

这样，通过灵活的改装模式，可以实现居住空间的水平、垂直的变化，以及居住－共享空间－社区服务空间的三个层级的自由变化。

我们从住户的居住需求和交往需求之间的动态平衡关系出发，进行空间的互换互享，实现个性化居住的可能。

6 结语

　　本设计基于当代人们越来越丰富、越来越个性化的居住需求，结合互联网时代背景与开放建筑理论体系，旨在打造具有代表性的交往居住空间。设计从寻找居住需求与交往需求之间存在的动态平衡关系出发，提出在人的生命周期内，居住空间与社交空间互换互享，满足不同人群对不同空间的需求，提出个性化居住的可能。

　　应用开放建筑理念，设计可以满足住户随着时间不断变化的居住需求，弥补了居住中存在的空间冗余与不足所带来的烦恼，同时在某种程度上对于日益淡漠的邻里交往做出了积极的回应，给住户提供丰富的交往空间，增进人与人之间的交流。这种居住与交往的模式，相较于传统的居住模式，能给居住者、社区带来共赢的局面。

　　这样的可变建筑，不仅仅建筑体的可变，更是多方位的可变。在空间上，空间被赋予了时间的特征，住宅可以根据住户不同时期的需求进行调整与适应，做到真正的灵活可变；在人与人的交往上，带来了交往与共享的可能，拉近人与人之间的关系，营造和谐的社区氛围；在社区关系上，带来了资源与空间的共享，提高了整个社区的资源利用率，为社区的发展带来了活力。

　　作为设计者的我们，所要做的并不是建造我们认为的"有用的建筑"，而是承担起作为专业人士为真正的使用者提供切实的专业指导，运用已有的学识，去创造、去改变人们的生活，设计出真正有用的建筑。

乐活谷 LOHAS

随着我国城市化的快速发展，城市用地紧张，房价居高不下，随之涌现出很多社会问题，大城市的青年居住问题就是其中之一。作为建筑师的我们如何在有限的资源空间中为城市中的青年群体提供一个庇护所呢？

1 研究背景

1.1 基于青年群体的设计背景

当前大城市中的青年群体多是爱奋斗、较为有追求的一批人，以 80 后、90 后为主，这部分人群在居住方面和娱乐方面多有自己的想法，崇尚开心与快乐的生活，希望能够无拘无束。

据调查，青年群体对空间的需求往往是多样化和舒适性并存，不同生活方式、家庭结构均对居住空间提出了不同的要求。在功能空间完备的前提下，住户也喜欢户内空间适时地发生变化，希望住宅能同超市的货架一样定期变化以保持新鲜感。

另一方面，大城市中难以承受的房价、日益高涨的租金，均给涌入大城市的青年人的居住带来困难。"蚁族"成为这一群体的代名词，为了获取低廉的住房租金，他们往往选择蜗居、群租等形式，或聚居在城市的边缘地带如城中村、地下室。

这些条件有限的住房仅能满足基本的生存，谈不上生活品质。如今，城市中也涌现出了许多满足青年人需要的"极限住宅"，如挑战极限居住可能的胶囊公寓、集合多种功能的极小住宅、解决基本生存问题的集装箱住宅等。

在这样的社会现实下，建筑师可以为大城市中的人们做些什么？特别是青年人，作为城市社会中的动力源泉，城市需要为他们提供一个可以栖身的场所，在满足有限的基本生活下，考虑其对生活品质的进一步追求。

1.2 理论和参观结合

在为解决住户需求所进行的尝试中，NEXT21 实验住宅是最广为人知的 SI 体系住宅的成功案例。它的支撑体（S-Skeleton）和内装体（I-Infill）完全分离。

支撑体采用了框架结构，层高为 3.6m，地下设备层高为 4.2m。内装体引入"自由内装规则书"，可以让住户参与到设计中，最大限度满足住户的需求。

在 SI 住宅体系中非常重要的一点是管线排布，这也是保证住宅灵活可变的关键之一。

NEXT21 实验住宅将公共管道井全部设于公共走道，公共走道降板走公共管线，并设置检修口，保证户内无竖管，户内利用架空地板的架空层和吊顶空腔布置水、电、煤气、排烟等各类管线。

琴芝县营住宅吸取 SI 住宅的理论特点，将使用年限不同的部品分离设置，户内隔墙和外部墙板都可以随着用户需求自由地更换。

在大空间的居住单元内，住户可以根据个性化需求和生命周期各个阶段的不同要求来进行户内的改变，在有限的空间内布置出多种空间布置的可能性。同时也极大地方便维修和设备设施的更换。这也就避免了大拆大建，有效地延长了居住周期。

由于结构体和内装体分离，管线排布自由，使得内部空间设计可以灵活多变，配合住户参与机制，适应住宅全周期变化。同时采用工业化建造方式，提供完善的内装部品体系，可以实现个性化需求。

在理论学习的基础上，我们进行了实地调研，更加直观的了解 SI 体系的一些概念和技术问题，如整体浴室如何安装，管线如何排布。

我们参观的绿地百年住宅项目位于上海嘉定，参观时房屋仍在施工，部分轻钢龙骨已经架设完成，管线铺设在轻钢龙骨墙体以及顶板之间。卫生间采用降板式同层排水，并会在之后装上整体浴室。绿地百年住宅项目是 SI 住宅在上海的初尝试，实现了很多突破，然而我们认为它的设计并没有完全发挥 SI 住宅的特色，仅仅在住宅的卫生间部分进行了降板，让今后住宅的可变性大大降低，施工工艺也和日本先进的施工工艺有一定差距。要真正做到工业化 SI 住宅，还需从设计之初进行整体考虑。

1.3 基地概况

从青年群体作为设计的对象出发，我们选取了具有代表性的地块——"创智坊"作为基地来进行设计。

创智坊位于五角场西北方向较为安静的

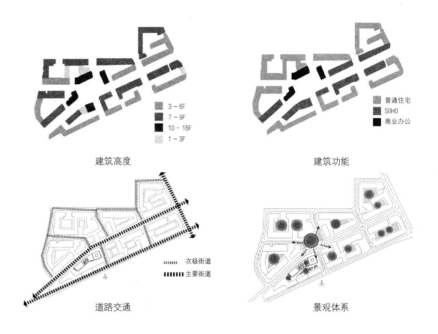

建筑高度

建筑功能

道路交通

景观体系

大学路，周边高校资源丰富，年轻人也时常在这一带聚集。此外，不同于传统的住宅小区的设计，创智坊创造了一个开放的社区，由城市道路将大块土地划分为小面积组团，每个组团相对独立，通过建筑进行围合，对外形成连续的街道，对内围合出庭院。

商住混合是其另一个重要的特征，目前创智坊大学路两边充分利用建筑底层空间，形成连续商业面，加之其定位是为年轻创业者提供居住空间，因此建造了很多SOHO商住楼，使创智坊地块为大量年轻人所喜爱。

同时，创智坊的景观空间和商业空间的结合比较紧密，形成了步行尺度宜人的街道空间。

1.4 人群定位及调查

青年人群刚刚步入社会，经济能力有限。为了更好地把握青年人的需求，更有针对性地进行设计，我们对身边的青年人进行调研，总结其特征。

我们在调研中设置了以下问题，以此为依据进行了访谈：

家里哪个空间最重要？（卧室、客厅、厨房、卫生间等）

是否需要独立空间？（双人或家庭）

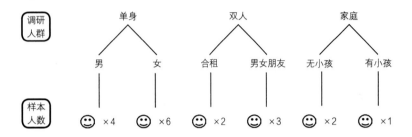

是否需要厨房？

能否接受开放厨房？

是否需要阳台？如是，为什么？

是否需要餐厅？

卫生间能否接受干湿不分离？

对现在住的地方有什么不满意的地方？

平时有无特别的兴趣爱好？

调研结果充分体现了这类人群年轻化，具有活力、个性和创新特点。

通过对调研结果的分析，我们按照三类具有代表性的青年人居住模式进行分类：单人居住、双人居住以及家庭居住。其中单人居住可分为单身男性居住和单身女性居住，双人居住可分为合租和男女朋友居住，家庭居住可分为分为有小孩和无小孩。

根据统计，共调查单身男性样本4例；单身女性样本6例；合租样本2例；男女朋友同居3例；无小孩家庭2例，有小孩家庭1例。以上样本数总共18例。

根据对调查结果的统计，发现男生对独立空间的需求要求较高，女生如熟悉可以接受睡一张床，男女朋友合租对独立空间需求不高。

我们总结了被调研的对象对于各个功能空间的意见和意愿。结果显示，对卧室空间的要求普遍较高。除家庭居住外，起居需求一般。对于卫生间，大部分人希望干湿分离，即使不分离也至少用浴帘将浴室隔开。对于阳台，调研的人群认为其存在很有必要，用途包括洗衣晒衣、种菜种花、工作空间、养宠等等。收纳方面，男生对收纳要求较低，女生则希望收纳越多越好。对大多单身及合租者来说厨房的需求度一般（烧饭爱好者除外），但希望能有放置厨房电器的地方，有家庭和男女朋友合住的住户需要厨房，且不能接受开放厨房。其他个性需求因人而异。

通过调研，我们对青年人群有了更深的认识，对其生活方式也有了一定的了解，为后期户型设计奠定了基础。

2 方案生成

2.1 设计概念

通过对基地的走访和对人群的调查，我们希望为青年人提供一个开放型、高品质且具有活力的居住创业社区——乐活谷。"健康、快乐、环保、可持续"是乐活的核心理念。"吃健康的食品与有机蔬菜，穿天然材质棉麻衣物，利用二手家用品，骑自行车或步行，练瑜伽健身，听心灵音乐，注重个人成长，乐意与人交流。"乐活是一种现代年轻人的积极向上的生活方式。希望社区可以为在此居住的年轻人创造结识交友的机会，提供创业的场所，提供灵活多变的公寓，让年轻人享受年轻的生活方式。

2.2 初期设计

为面向青年人，户型设计应该较为紧凑。同时为了更好地适应工业化建造方式，我们采用模块的方式来提供多样的公寓类型。经过研究，我们发现使用 3.6m×3.6m 的网格，可以满足主要空间的功能，以此作为我们的最小公寓模块。3.6m×3.6m 的模块可以作为

单独的公寓，包括卫生间、简易厨房、起居室、卧室和一定的储物空间。稍大一点的模块为 3.6m×7.2m，可提供三分离的整体卫浴、厨房、起居、餐厅和卧室。通过这两种基本模块可以组合出多种公寓面积以及使用空间，以满足青年人多样化的需求。考虑到之后的户型组合，在设计中应尽量将水区集中，便于走管。我们希望借助 SI 体系住宅所具有的灵活性，进一步提高住户在全周期住宅中的改造可能性。

2.3 方案设计

设计探讨了两种可能的适应青年人需求的住房形式：青年公寓住栋和 SOHO 商住楼。设计方案的探索是从场地出发推敲布局和体块，从建筑功能空间角度引入乐活的概念。为了视线上更好地呼应创智坊地块，住宅楼在高度上参考周边建筑高度，除青年公寓住栋采用 17 层较高外，SOHO 商住楼采用多层形式，以与周边建筑体量和谐。同时对 SOHO 商住楼做切角处理，切角形式采用退台空间，

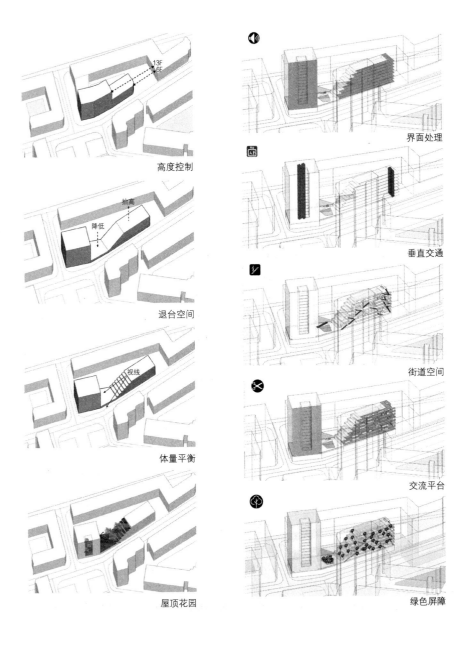

高度控制

退台空间

体量平衡

屋顶花园

界面处理

垂直交通

街道空间

交流平台

绿色屏障

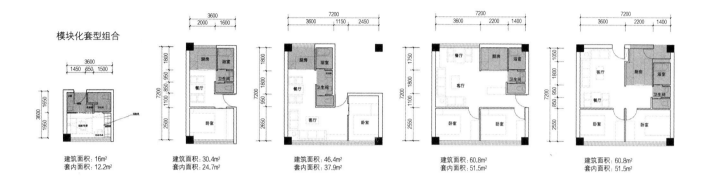

模块化套型组合

建筑面积：16m²
套内面积：12.2m²

建筑面积：30.4m²
套内面积：24.7m²

建筑面积：46.4m²
套内面积：37.9m²

建筑面积：60.8m²
套内面积：51.5m²

建筑面积：60.8m²
套内面积：51.5m²

以达到两栋住宅间的体量平衡。两栋楼通过一层相连，共享二层室外屋顶花园，为住户提供室外活动及观景场所。

为隔绝外部噪音，SOHO商住楼采用了外廊形式，并在外侧界面进行凹凸处理予立面丰富形态。其内部交通除竖向垂直疏散外，SOHO楼沿走廊外侧也进行了室外楼梯的布置，为住户和商户提供别样体验。楼栋内部间断布置绿植花园区域，提供放松休闲场所。

·青年公寓的设计

为了配合3.6m×3.6m的模块，公寓楼采取7.2m×7.2m的柱网，采用框架核心筒结构，在核心筒内设置一部客梯及一部消防电梯、疏散剪刀梯、强弱电井和水管井。为实现SI住宅的理念，各户的水电管线通过走廊的架空层连接至核心筒内的总管井，户内不设管道井，从而使户内的可变性、灵活性可达到最大化。核心筒外侧的柱网跨度内分为一开间、二开间和三开间住户空间形式，且每户都配有外悬挑的私人阳台。

户内青年公寓的层高设计为3m，上下各有300mm的架空层及200mm的吊顶层，室内净高为2.4m。利用SI住宅结构与填充体分离特点，分户隔墙、室内隔断甚至外墙均可拆解，加上可变化的模块家具与整体厨卫，住宅的灵活性与自由度大大提高，为住户提供了开放性的居住模式。

对于公共空间设计，年轻人希望能有更多机会结识志同道合的朋友，但他们缺少交流的场所，而极限户型内因空间小，通常无法容纳客厅等交往空间，则更需要公共空间的设计，为住户提供交流、聚会的场所。

由于青年公寓位于街角地带，开放的公共空间、垂直绿化也为社区形象增添了活力，也能吸引更多的青年群体。最后在方案中所呈现的设计结果是对住户参与的一种可能性的探讨。

在塔楼北侧，设置公共花园区域，为楼层住户提供室外休闲场所。花园旁边设置挑空区域，为每层花园位置变化提供空间，同

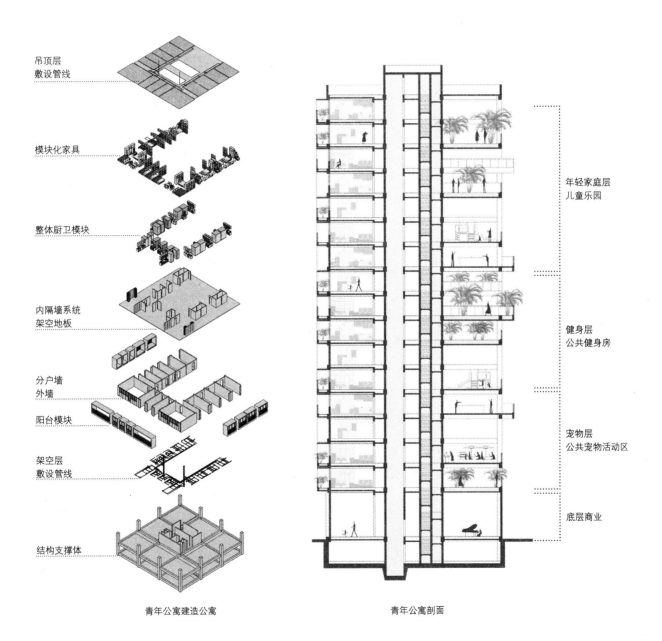

吊顶层
敷设管线

模块化家具

整体厨卫模块

内隔墙系统
架空地板

分户墙
外墙

阳台模块

架空层
敷设管线

结构支撑体

青年公寓建造公寓

年轻家庭层
儿童乐园

健身层
公共健身房

宠物层
公共宠物活动区

底层商业

青年公寓剖面

时也方便不同楼层间住户交流；休闲花园、儿童乐园、健身区等分布在整栋楼内，并且设计形式多样，可为通高或夹层，形成多元化的空中庭院，同时一些活动设施可由商业团体承包来进行相关的经营与维护工作；在某几层楼上设置同一种公共空间类型，可以吸引相同兴趣爱好者住在一起，以提高青年人之间的交流。

· SOHO 商住楼设计

基于对创智坊的实地调研，创智坊居住区受到年轻人的欢迎，吸引并聚集了许多创业公司、年轻化的商业形式、创业者等，而传统的住宅户型很难适应办公、商业经营等变化的功能，因此我们希望应用 SI 住宅灵活性、可变性的优势，设计 SOHO 商住楼设计，形成自由、开放的青年社区。

在住栋的设计上，建筑形态呈退台式以释放更多的开放景观平台，平面布置呈外廊串联户型的形式，并将公共管道井设置在公共的户外走廊上。

在 SOHO 户型设计中，充分利用了 SI 体系的优势，尽量将户内空间做到灵活多变，为创业者提供多样的可能性。

技术策略上，将水区集中，采用整体厨房及三分离的整体卫浴，卫浴空间分离方便住户同时使用，使户型内部的布置更加自由、多元化，同时平面的设计也符合产品体系的模数要求，住户可以自由选择产品，并进行组合从而生成满足其特定需求的户型。

SOHO 商住楼将 2～3 层设为专门的 SOHO 户型，包括"左铺右宅"、"办公区居住"、"大空间办公"和"前铺后宅"等类型。"左铺右宅"类型可经营小商铺、电商或艺术创作工作室，"办公区居住"类型均南北通透，且互不影响。入户区的设计结合公共外廊，作为店铺的延伸。"大空间办公"类型不含居住功能，作为小型公司的办公地点。"前铺后宅"类型将最好的南向朝向都留给了居住，北向可作为商铺或电商用地。这样住户可以自由选择适合自己的空间布局设置。

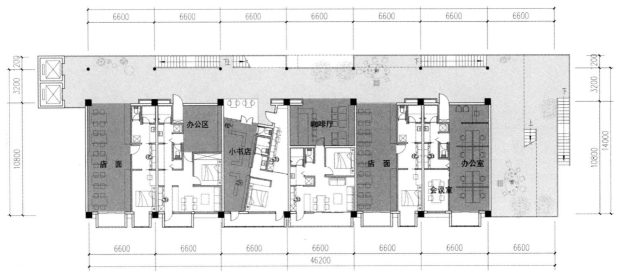

SOHO 商住楼三层平面图

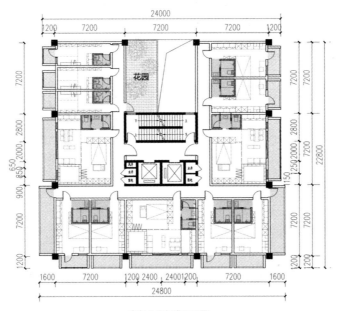

青年公寓标准层平面

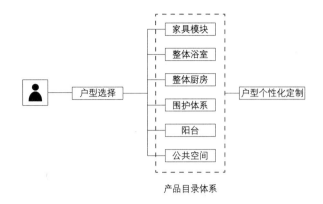

产品目录体系

3 设计深化: 产品目录体系

针对青年人灵活多变的需求, 设计提出了用户参与的住宅设计概念, 对此, 我们提出了产品目录体系。

产品目录基于整个住宅楼的平面模数和家具的基本尺度生成, 并通过模块化实现不同户型在楼栋内的自由拼合、不同内装产品在户型内的拼合, 由此用户可根据自身的喜好选择不同的产品以组合成个性化的户型, 因此可以提高户内的可变性, 使其更好地适应住户变化后所产生的新需求。

产品目录系统由家具模块、整体浴室、整体厨房、围护体系、阳台、公共空间几个部分组成, 用户根据房间种类选择所需的户型大小, 再选择产品目录中适宜的产品, 最后对户型进行个性化的定制设计。

3.1 规模

青年人群的需求多元且变化迅速, 根据前期的调研成果, 在目录中设计提供了 S、M、L 三种大小的户型。

考虑到青年公寓的轴网模数, 三种户型的户型进深为 5.6m, 户型面宽分别为 2.4m、3.6m、7.2m。S 户型建筑面积为 17.28m², 适合刚踏入社会的单身青年; M 户型建筑面积为 25.9m², 适合追求舒适性的单身青年以及青年夫妇; L 户型建筑面积为 40.3m², 适合有孩子或老人的青年家庭。

3.2 家具

通过对生活中常见的家具进行测量可知, 一般家具的进深尺寸大约为衣柜 (600mm)、书柜 (300mm), 在此模数的基础上, 提出家具模块的基本尺度, 并且模块化的家具内可加入挂衣杆、抽屉等进行进一步定制化, 如 600mm×1800mm 的家具模块可作为存放长衣、大衣的落地式衣柜, 与其他模块拼合组成收纳柜; 若干个基本收纳模块可组合成不同尺寸的床, 亦可加上坐垫作为沙发使用, 形成多样化的家具组合。

用户可根据自己的喜好与需求选择不同的家具模块进行组合, 形成多种多样的家具套件。同时, 配合家具设计的移门体系是以

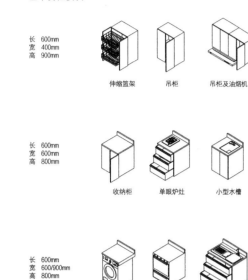

基本橱柜模块

长 600mm
宽 400mm
高 900mm

伸缩篮架　吊柜　吊柜及油烟机

长 600mm
宽 600mm
高 800mm

收纳柜　单眼炉灶　小型水槽

长 600mm
宽 600/900mm
高 800mm

洗衣机　小冰箱　大水槽　双眼炉灶

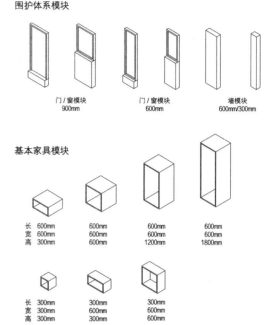

围护体系模块

门/窗模块
900mm

门/窗模块
600mm

墙模块
600mm/300mm

基本家具模块

长 600mm
宽 600mm
高 300mm

600mm
600mm
600mm

600mm
600mm
1200mm

600mm
600mm
1800mm

长 300mm
宽 300mm
高 300mm

300mm
600mm
300mm

300mm
600mm
600mm

600mm×2400mm 为一个基本门板模块，以滑轨固定于地面或顶棚，可作为收纳柜的移门或是室内的活动隔断。

3.3 整体浴室

整体浴室是住宅内的重要一环，也是工业化住宅的关键部品。采用有限的规格可以降低成本，保证质量同时可以进行大量的供应。为了满足青年人群多样化的需求，在设计中提供了 S、M、L 三种尺寸的整体浴室。

最小尺寸的卫生间在 1.87m² 内集成了盥洗、便溺、淋浴三种功能，满足基本的卫生需求；中等尺寸的卫生间面积为 3.23m²，将洗面台分离设置，且淋浴间独立，满足干湿分离的需求，独立的洗面台也为女性梳妆提

供便利；最大尺寸的卫生间面积 4.06m²，为三分离的形式，马桶和淋浴均独立设置，干湿分离，相互不干扰，可满足多代人共同生活的需求。三种不同的卫生间的外部尺寸也满足 300mm 的模数，可以与家具、厨房相配合，拼装在不同的户型中。

3.4 整体厨房

青年群体普遍工作忙碌，在家做饭机会少，因此对厨房的要求相对较低。但由于户型面积小，厨房在极小的空间内仍需具备完善的功能。在设计中将橱柜系统分解为以600mm 为模数的模块，且将炉灶、水槽、抽油烟机、冰箱、洗衣机等不同的电器设施嵌入其中，用户可根据自己的需要进行组合。

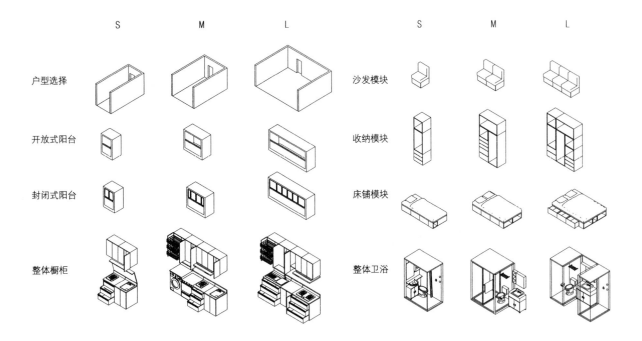

	S	M	L		S	M	L
户型选择				沙发模块			
开放式阳台				收纳模块			
封闭式阳台				床铺模块			
整体橱柜				整体卫浴			

在整体厨房组合过程中，考虑到居住面积、住户经济收入的不同，设定整体厨房基本的规格型号。其组合形式包括S、M、L大小不同的橱柜系统，供住户进行选择，并可在相应功能大小上进行选择微调，在模块化产品目录搭配的基础上满足个性化的定制。

3.5　围护体系

对于住宅的围护体系，考虑了外墙、分户墙和室内隔墙的设计。在基本模数的基础上，我们提出300mm、600mm、900mm三种不同宽度的外墙体系，且配有相对应的窗户和门，用户可根据需求选择不同大小的门窗，进行自由搭配和组合，届时由工厂进行生产，并在现场装配安装完成。

3.6　阳台

阳台和围护墙体共同组成公寓楼的外立面体系，阳台的基本结构为一个混凝土框架。为了配合户型尺寸，也提供了三种不同的大小，其模数与围护体一致，并且分为开放式和封闭式，满足不同的需求，需要阳台的用户可进行选择并与围护模块自由组合、拼装。

3.7　公共空间

公共空间主要设计在青年公寓住栋，具体位于北侧居中的一跨，我们在设计中提供了若干不同功能的活动空间的选择，例如烧烤区、休闲花园、乒乓区、儿童活动区、健身区等。住户可以通过对公共活动区进行投票，参与楼栋的公共空间类型和设计。

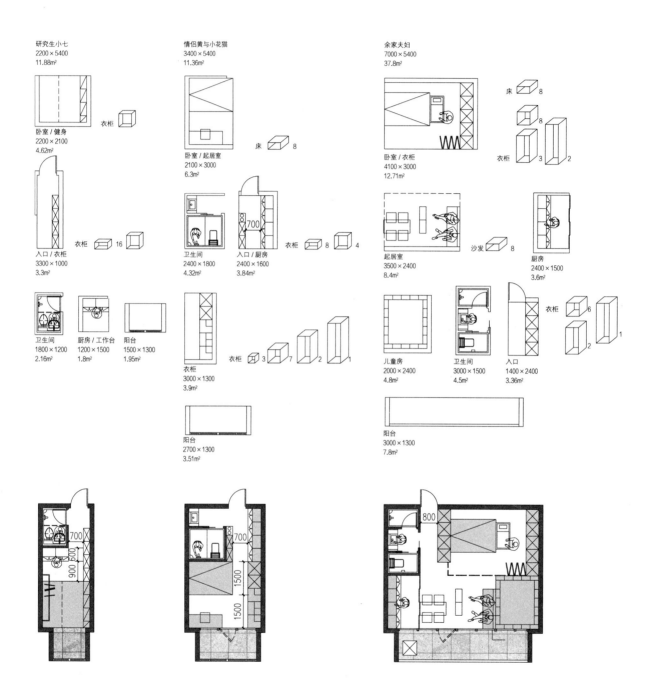

研究生小七
2200 × 5400
11.88m²

衣柜

卧室 / 健身
2200 × 2100
4.62m²

衣柜   16

入口 / 衣柜
3300 × 1000
3.3m²

卫生间
1800 × 1200
2.16m²

厨房 / 工作台
1200 × 1500
1.8m²

阳台
1500 × 1300
1.95m²

情侣黄与小花猫
3400 × 5400
11.36m²

床   8

卧室 / 起居室
2100 × 3000
6.3m²

700

卫生间
2400 × 1800
4.32m²

入口 / 厨房
2400 × 1600
3.84m²

衣柜   8   4

衣柜
3000 × 1300
3.9m²

衣柜   3   7   2   1

阳台
2700 × 1300
3.51m²

余家夫妇
7000 × 5400
37.8m²

床   8

衣柜   8
         3   2

卧室 / 衣柜
4100 × 3000
12.71m²

沙发   8

起居室
3500 × 2400
8.4m²

厨房
2400 × 1500
3.6m²

衣柜   6
         2   1

儿童房
2000 × 2400
4.8m²

卫生间
3000 × 1500
4.5m²

入口
1400 × 2400
3.36m²

阳台
3000 × 1300
7.8m²

700
900 600

700
1500
1500

800

4 户型设计：个性化定制

产品目录体系使住户可以自由选择自己喜欢的户型，以满足青年人多样化的需求，同时，为了实现户型的灵活可变性，在借鉴 SI 住宅体系相关理论的基础上，建筑设计采用了工业化技术，如管线分离技术、架空地板、集中公共管井等，在户型中也进行了技术方案模拟。

在青年公寓住栋的设计中，公共集中管井设置在户外，户外走廊通过降板设计集中设置公共管线，并设有检修口，管线由公共区域连接到各住家，避免了排水噪声和维修不方便的问题。住户内的管线可自由布置不受限制，实现户内空间的自由划分。每个住户均有独立的分水集水器，便于维护和检修。

户内采用了架空地板的方式，并考虑到青年公寓住栋户型面积较小，设计中将架空地板与储藏、收纳等功能结合，有效地加大户内空间的利用效率。同时，方案对隔墙的布置较少，多采用家具的分隔来划分空间。户内电线、网线设于架空地板、内隔墙中。

工业化建造技术和产品目录体系为多样化的户型提供基础。其中，最为关键的是内装与结构体分离，释放了户内的功能组织方式，实现空间灵活可变。住户通过选择模块化的产品，达到户型个性化定制，满足不同的居住需求。

由此，本次设计中选择了三组具有代表性的青年对象，对其进行访谈，提供我们设计请他们依照自己的需求做出选择，并对方案进行进一步深化。

基于各自的生活现状、现存的问题及不同的居住需求，他们选择了最符合自己需要的户型与产品。通过进一步设计和组合，形成个性化的居住空间。

三组住户分别为刚毕业的独居青年、养宠物的青年情侣、年轻的育儿家庭，均为有代表性的青年居住者。三组户型的菜单选择和深化则充分证明了工业化住宅体系的灵活性潜力，以及适应未来发展变化的可能性。

户型剖切示意

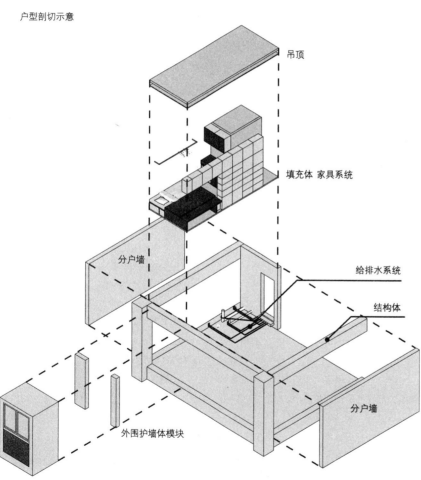

吊顶

填充体 家具系统

分户墙

给排水系统

结构体

分户墙

外围护墙体模块

4.1 刚毕业的独居青年

根据我们的调研，刚毕业的独居青年对于居住空间的需求一般比较简单，部分青年有发展自己兴趣爱好的需求。

男青年小七为某大学在读研究生，目前在相关单位实习，处于为梦想励志奋斗的阶段，熬夜加班、打球运动、旅行跋涉都是其生活组成部分。

小七在校期间居住在 20m² 左右的双人宿舍中。就目前的居住情况来讲，宿舍存在着一些问题如收纳空间不足、书桌较小、可活动区域小等。

根据访谈，小七对于户型的要求较为简单，满足基本需求即可，平时基本不做饭，对于厨房的要求不高。但其个人爱好是健身，希望住宅中能够满足其健身空间。经过我们的测量，小七需要 2m×2m 的空间完成特殊的健身动作。

根据访谈，我们帮助单身青年小七选择了最小户型，户内净面积为 11.88m²（不包括

阳台），配有最小尺寸的封闭式阳台。

卫生间和厨房也皆选用了最小尺寸，卫生间采用集中式布置，厨房包含 2 个 600mm 的橱柜模块，包含小冰箱、电磁炉和小型水槽，并且台面上部加装一个桌面板，平时可作为桌子使用。

小七之前的宿舍收纳空间不足，但经过了解，相对女生，男生对衣物的收纳要求较低。当前户型套餐中，家具的组合为进深 300mm 的模块，可以收纳大量书籍、叠放衣物，并且附有开放式的挂衣杆以节省空间，可以满足其需求。

根据他的喜好，在户内设计了充足的空间供小七日常健身使用：健身区域和床铺设计考虑在一起，靠阳台的区域设计为 2m×2m、高 450mm 的榻榻米，内含 900mm 宽的床铺和抬高地板，同时，架空的木地板下部可作为收纳空间。这样，当床铺覆盖盖板时，可以变成平整的健身区域，收起盖板又可变成睡眠区。

户型剖切示意

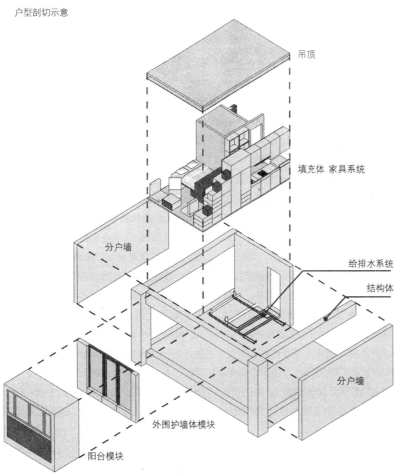

吊顶

填充体 家具系统

分户墙

给排水系统

结构体

分户墙

外围护墙体模块

阳台模块

4.2 养宠物的青年情侣

青年情侣也是在调研中较为常见的一类使用人群。相比起单身人群，其对于居住空间面积要求更大，除了睡眠空间，也需要一定的交流空间，对于收纳空间的需求更大，同时也根据生活习惯的区别，有一定的烹饪需求。

我们选取了一个养宠物的青年情侣家庭作为典型案例——情侣黄和小花猫之家。女生为刚毕业的学生，男生为上班族，他们共同饲养一只宠物猫，现居住在 35m² 左右的出租房。根据与主人的访谈，他们认为猫咪也是家庭成员，需要它自己的活动空间且要有地方放置它的食盆、水盆和猫厕所。

根据两人平时的生活习惯，他们对客厅暂无硬性需求，而女生喜欢手工，例如做衣服、织毛衣等等，需要一个大的工作桌以及充足的收纳空间来存放做手工的物品。且两人对厨房要求相对较高，无法忍受油烟的扩散，因此需要一个独立的厨房。同时他们希望卫生间能够干净整洁易于打扫。

我们为两人一猫选择了中型的户型 M，户内净面积为 18.36m²（不包括阳台），以及中型的封闭式阳台。

由于女生需要梳妆且要求干湿分离，我们为其选择了洗面台分离式的卫生间；厨房选择了设施齐全的 4 模块组合，配有单眼炉灶、小型水槽、小型冰箱和洗衣机。并可采用移门与卧室分隔开。在卧室内，将 600mm 的家具模块组合成阶梯状，满足猫爬高的活动需求，同时也提供了大量收纳空间。在 1500mm 宽的床铺下部也有收纳抽屉，并且设计了与床同宽的活动书桌，将书桌移到床边即可空出大的活动区域，更合理地利用空间。猫厕所可设置在卫生间洗面台下，便于清洁也避免异味进入生活区，并在厨房预留有摆放猫的食盆、水盆的位置。

这样的方案同时考虑了人和猫的活动，可以做到有充足的起居空间、收纳空间，干湿分离的卫浴空间和独立厨房。

户型剖切示意

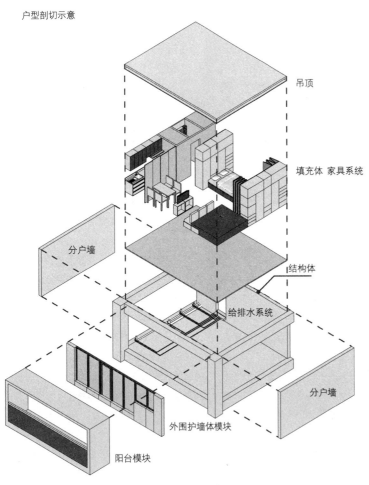

吊顶

填充体 家具系统

分户墙

结构体

给排水系统

分户墙

外围护墙体模块

阳台模块

4.3 年轻育儿家庭

在调研的青年家庭类型中，年轻的育儿家庭是对空间要求最高的一类，这类人群家庭人口多、需求复杂，尤其是孩子需要大量的空间收纳专用的衣物、玩具，需要活动空间，以及舒适的物理环境。

我们所选择的青年夫妇均为上班族，丈夫余先生偶尔会出差，两人育有一个一岁大的宝宝。

住户反映，在有了宝宝后的生活空间与过去有很大的不同，需要靠窗、朝南且采光好的区域来放置婴儿床，并且需要在客厅放置游戏毯，随着宝宝的成长，他的活动区域还要扩大且需要放置护栏泡沫垫。同时需要大量储物空间来收纳电动摇篮、婴儿车、婴儿浴盆以及尿布、奶粉等婴儿用品。由于上班忙碌，户内还需考虑为长辈或保姆留有生活空间。另外，为了准备大人和孩子的饭菜，该家庭对厨房的需求较高。

我们为余氏夫妇则选择了最大的户型L，户内净面积37.8m²（不包括阳台），配有大型的开放式阳台。

由于其人口多、要求高，我们为其选择了三分离的卫生间以及独立厨房。厨房模块配有双眼炉灶和大型水槽，在玄关处为立式冰箱预留位置。由于婴儿用品多且可能有多代人共同生活，户内采用600mm模块组合成大量收纳柜，玄关处主要收纳婴儿车、婴儿浴盆、电动摇篮等婴儿用品，距离浴室、厨房近，方便使用；卧室内为3m宽的大衣柜，主要收纳男女主人及孩子的衣物。在朝南处设置了2.4m×2.2m的榻榻米，可作为宝宝的游戏区，下部也可作为收纳空间，未来也可分隔作为儿童卧室使用。卧室内留有婴儿床的位置，卧室与起居室通过移门分隔，白天可开敞采光，晚上睡眠时再将移门收起。起居室内设有餐桌和沙发床，晚上还可作为长辈或保姆的卧室。

这样在有限的空间内，最大限度地考虑了一家人的居住需求。

5 结语

城市的发展需要年轻的力量，我们对青年群体的关注源于对社会问题的思考，即希望设计可以为改善青年人严峻的居住状况提供一种可能，在尽量节省资源的同时带来良好的生活体验，为青年人提供一个长期驻足的庇护场所。

青年公寓的设计，不仅需要满足人们基本的居住需求，也应为最具有个性的这一群体提供个性化的生活方式，为都市生活的无房群体营造家的体验。在本设计中，标准化的设计方式是对目前居住方式的一种探索，利用产品目录的设计尝试在标准化的基础上，提供多样化的青年公寓配置方式，利用产品的组合选择，形成一种精细化、合理化的空间组织模式，以达到舒适居住的目的。住户在居住之初即可根据意愿组合生活空间，同时由于贯彻了产品化和模数化的特点，在后期生活中也可以根据需求，进行相应的改变。由于这种更新户内空间的方式有效地利用了资源，减少了政府和居民的资金投入，我们可以期待其在增进社会关系稳定方面的作用。

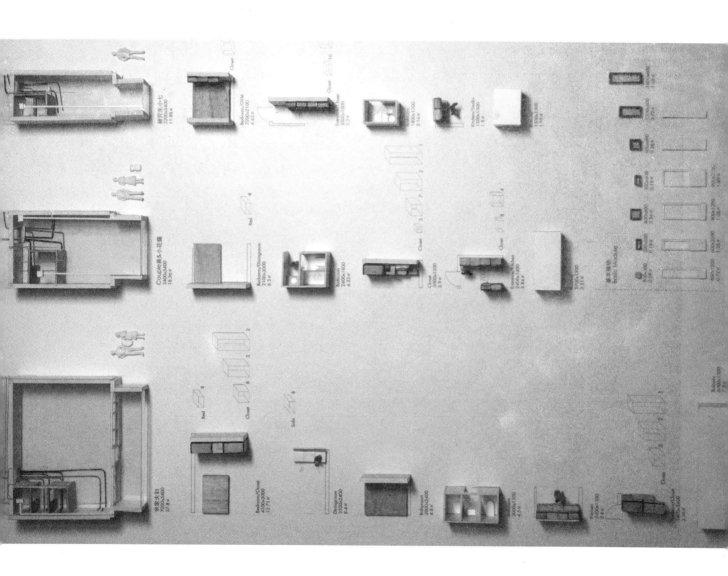

商住进化论

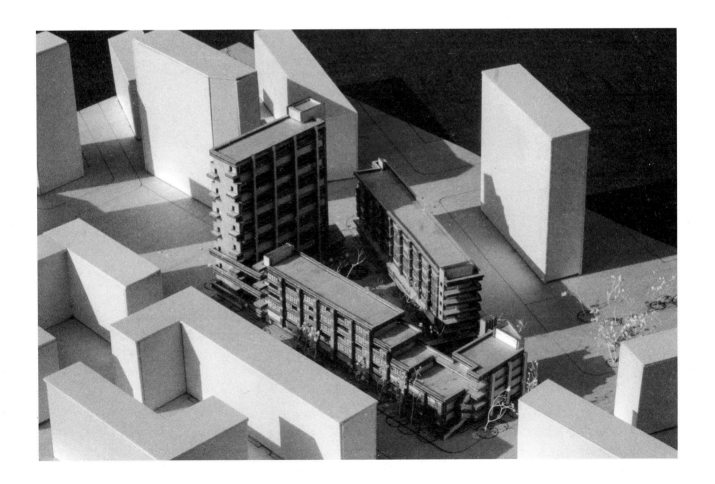

改革开放以来，我国的城市化水平飞速提高，在新的时代发展背景下，现代主义城市理论中明确的功能分区已不再适应新产业结构下的城市建设。进入 21 世纪以后，上海出现了商住混合开发的社区模式。它是一种能激发城市活力、鼓励城市的多样性的新型城市居住模式。这种模式给城市生活带来丰富的多样性，同时功能混合让城市均匀扩散，节约了交通成本，也解决了就业问题。

以创智坊这一商住混合的居住社区为例，在对它进行调查研究后发现，不同使用功能在交通、日照、活动等方面存在一定的相互影响，缺乏管理和控制的商住混合也易于产生矛盾。那么，如何在有效利用商住混合优势的同时，又对其弊端进行改善呢？

1 提出问题

1.1 实地调研和设计初衷

商住混合主要针对居住、办公和商业这三个构成人们日常生活的基本要素。这种居住模式有助于促进城市建设中多样性和复杂性的发生，推动城市经济和社会发展。2005年2月，上海市发展和改革委员会发布了《上海加速发展现代服务业实施纲要》，制定了发展"江湾五角场科教商务区"的目标。通过集合多重功能，包括科教、商业、商务、娱乐等，杨浦区将逐渐成为以知识创新为核心的城市副中心。正是在市场需求及政策的指引下，一些以知识创新为主体的商住混合居住社区项目陆陆续续地出现了，其中杨浦区的创智坊社区就是一个典型案例。

创智天地是一个大型的综合开发项目，紧邻许多高等学府，如上海复旦大学、同济大学、上海财经大学等。而创智坊是该项目中的一个部分，位于上海杨浦区五角场商圈，毗邻江湾体育场，在中环线及轨道交通的枢纽上。项目开发配合了上海市政府提倡的"科教兴市"发展策略，并配套了"创智SOHO"，以科教、研发及创业为基础，创造了一个创新知识型社区。

创智坊内的建筑组团以6~7层高度的多层住宅为主，在中心广场周边分布有少量的高层建筑。大学路作为地块中主要的街道横贯社区东西，其商业气息浓厚，以咖啡厅、餐厅、酒吧等业态为主，形成了丰富的时尚感和热闹的街区活力。

我们以创智坊社区为研究对象，在设计之初，针对该地块的居住者进行了问卷调研。调研的内容主要针对创智坊街区的人群结构、环境布局、配套设施、交通状况与商住分区五个方面，并对可能存在的问题进行了分析。通过对居民采访和入户测绘的结果进行分析，我们了解了居住者对住宅的需求，并进一步讨论了商住混合居住模式的优化策略以及对工业化建筑的看法，希望能够为探究开放建筑体系中住宅的灵活性提供一些数据支持。

1.2 实地调研和访谈

为了进一步地了解基地情况，同时也是为了对商住混合这一现象进行深入的分析，我们进行了实地调研和访谈。

我们在对基地中建筑使用情况进行调查后发现，沿街的底层业态几乎全是商业，沿主街的二层以上为办公、住宅和商业。进入建筑组团上部，住宅被分为住宅自用和住宅商用两种，楼内很多居住单元被改作商用，如旅馆、音像店、书店，与住宅"共生"，形成各类经营范围的店铺、公司及机构的办公场所。尤其是在大学路两侧的上层建筑中，住宅出租后改为商用现象较为普遍。

我们共发放了 45 份问卷，其中住宅房屋出租占比 68%，出租的时间在 1～2 年之间的比较多。

通过对住户、商户和办公人员三类人群的访谈，我们了解了商住混合对这三类人群产生的影响。

对于居民的影响：

首先是公共环境恶化。由于商用空间的人员密度大，在一定程度上会扰乱周边居民的日常生活秩序。另外，社区中为居民服务的公共设施明显不足，不利于创建宜居环境。

其次是油烟污染、噪声污染。商业店铺人来人往，会对居住者造成干扰；油烟废气污染问题在餐饮业中普遍存在；外来消费者在周末以及夜间的商业活动频繁，容易对居住者造成噪音干扰。

再次还有安全问题。商业空间的存在，增加了陌生人来往的人流量，造成物业管理上的困难，住宅的门禁有时候会形同虚设。

您是业主还是租户?

业主 32%

租户 68%

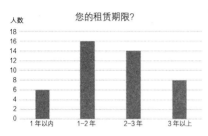

您的租赁期限?

人数

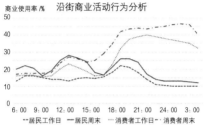

沿街商业活动行为分析

商业使用率 /%

‑‑居民工作日 ——居民周末 ……消费者工作日 ‑‑‑消费者周末

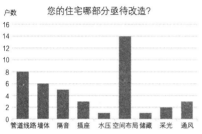

您的住宅哪部分亟待改造?

户数

管道线路 墙体 隔音 插座 水压 空间布局 储藏 采光 通风

最后还有交通拥挤的问题。办公商业场所人员密度较大,住宅内电梯数量略显不足,增加了电梯的等候时间。

对商户和办公人员的影响有:

首先是存在不正当的竞争。住宅改为商业或办公使用,租金往往会低于底层店铺的租金,从而吸引了小型的商业入驻居住套型内。这样一来会在一定程度上损害正规办公楼和合法商铺这些守法经营单位的利益。

其次是技术矛盾。商用与居住功能之间,对于建筑空间的要求不同,上下水、采暖照明、消防设计等技术方面,其要求也不同。将住宅改为商业,内部空间的局限造成商用空间的不合理使用。在管线设备上,也因为传统的施工方式,管线和设备埋设在结构中,不易于进行调整和更改。

结构体系矛盾:由于空间结构不灵活导致商业业态无法随着使用者的需求变化而变化。住宅改为商业后,住宅的结构体系与商业的所需要的结构体系有较大的差异,商业需要大的完整的空间,而住宅多不符合这样的要求,导致不能很好地利用空间,造成空间上的浪费。

探索商住混合的模式对于推动社会的发展具有很强的意义,但是,混合的居住模式存在许多需要解决的矛盾。在现有的发展模式下,这些矛盾影响了居民、商户、办公人员的生活品质。

在研究中我们发现,开放建筑体系的灵活性恰好可以解决商住混合带来的问题,这与我们的诉求相契合,能将这种商住混合居住模式更加合理地应用。

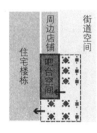 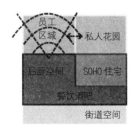 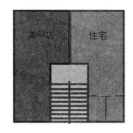

2 分析问题

2.1 商住混合矛盾的建筑设计技术点

在创智坊社区进行了多次调研以后，如何合理的避免商住功能之间的相互干扰、满足不同的功能之间的相互需要和相互支持关系？我们从建筑设计技术角度上对问题进行了剖析。

在环境问题上，首先是商业功能在建筑设计之初未充分考虑，导致一部分的公共空间私有化。在经营上，由于租金价格昂贵，租住的面积未能满足经营的需求，导致店铺的经营者需要向外扩充自己的经营面积，如向人行道增设休闲座椅、向内庭院方向扩建以增加后勤的面积；在建筑设计的层面上产生的问题主要是由于上层的居住户型的面积和进深与底层的商业所需的面积和进深不一样所导致的，没有使用合适的模数尺寸，来同时兼顾住宅和商业办公两者的面积需求。

其次，油烟污染问题，这是由于建筑设计之初，未同步考虑配建排烟及燃气等管道。噪声污染问题，其中一点是来自上下楼层之间的噪声。若采用双层架空楼板，架设吊顶，连接件采用弹性垫层，可以很好地解决由楼板传递的噪声问题。轻质内隔墙板等新技术在隔声、隔热等方面优势突出。

第三，安全管理问题和交通拥挤，由于商业办公与住宅的出入口未做区分考虑，使得商业人流和居住人流混杂一起。如果商业对外经营，住宅则需要有私密性管理，双方出入口相对独立，就能避免干扰又能方便管理。

对于建筑平面的布局与结构体系的选择问题上，即使前期对建筑空间的使用性质作了预测，仍无法确定将来的经营者如何布置。而日后可能因不断地更换业主，功能和布局也会不断地变化，所以建筑平面设计需要考虑对自由变换布局的适应性。

住宅室内存在的结构构件无疑会对商业的平面布局及使用带来影响，但不可能为了商业而不考虑住宅的功能性，若考虑到将设较大型的商业，可采取部分结构转化，将剪

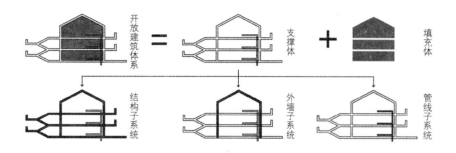

力墙及柱子断面转换得比较规整或者加大彼此间距利于商业的灵活布局。一般来说，柱网越大商业越好布置，但跨大梁高对层高要求高，若是做结构转化，结构占用的层高更多。

2.2 开放建筑体系的引入

通过对商住混合社区中问题点的分析，我们引入开放建筑理论，通过研究，在这一理论的指导下，我们可以对以上问题做出相应的解决与改进。开放建筑理论的核心内容是将城市与建筑分为城市肌理、建筑支撑体和建筑填充体三个层级，三个层级分别由政府部门、开发商和住户负责决策，既满足了住户对住宅多样化、灵活性的需求，又通过不同层次的"新陈代谢"使建筑获得更长久的寿命。1990年代，日本对SAR理论进行丰富和创新，形成了KSI住宅体系。"S"是指住宅的结构体部分，包括承重结构中的柱子、梁、楼板和承重墙，公共的生活管线、设备和楼梯等；"I"是指住宅的填充体，包括户内的设备管线和内装体。SI住宅推动了日本

住宅产业化的健康持续发展。

我们可以从开放建筑理论中提出几大特点来对应解决商住混合的问题：

结构体系能够形成较大且完整的空间。

竖向管井集中设置在公共区域。

室内空间可灵活划分。室内的各种管线均采用水平方式安装，隔墙、整体厨卫均可自由地拆装组合。

定期地更换与维修填充体部分，而不影响支撑体，从而实现填充体的耐久性。

满足不同的用户对建筑功能个性化使用的要求。住宅可能有改为商业办公的需求，商业办公空间也可能有改为住宅的需求，SI住宅能够最大程度的满足这种功能个性化。

能够应对住户本身家庭结构的变化，满足用户全生命周期需求。

因此，如何针对商住混合的问题进一步提升开放建筑理论中的适应性，以及如何针对商住混合空间进行整合，提高建筑的利用率是下一步的研究目标。

商住空间的混合

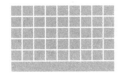 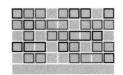

STEP 1：建设适宜的建筑框架，作为支撑体

STEP 2：租户根据需求租取适当面积，结合市场需求和自身需要决定功能

STEP 3：通过建筑设计手段，避免或减弱商业与居住功能互相之间的影响

3　解决问题

3.1　商住混合居住模式的概念设计

·设计目标定位

结合以上的调研内容以及发现的问题，我们希望在商住混合居住社区中，创造一种集居住与商业办公于一体的商住单元。这种商住单元使得商业和居住功能在同一建筑的结构体系内合理共存，并利用 SI 住宅体系灵活可变的特点，创立单元组合机制。随着市场需求的变化，商住单元能创造出可适用于不同阶段的、居住与其他业态和谐共存的空间。我们将这一概念称为"商住进化论"。

这种方式在建筑支撑体保持不变的情况下，使填充体可以随着用户需求的变化而变化：我们先建立一个适宜商业和居住共存的建筑结构体系，构成建筑的支撑体；接着房屋的使用者根据自己的需求，租赁所需的面积和户型；随后，开发商与用户一起进行填充体的二次设计；物业将通过管理手段，来形成最优化的商住融合的方案，达到经济效益最大化和建筑空间利用最优化的目标。

·商住混合的空间模式

针对商住混合居住中商业和居住相邻存在的干扰问题，我们在建筑层面上，以一套房子作为一个基本单位，提出两种商住空间的混合模式。

多层模式，是指同层内的商住混合——水平混合，在同一个平面上，将不同的功能分区布置，通过平面的交通空间将不同功能空间联系起来。我们的设想是将建筑视为一个微型城市，把城市中的体验引入到单体建筑之中。

这种模式在单外廊的板式建筑上的应用是通过"过渡模块"连接户型与走廊来实现的。当户型作为商业和办公用途时，"过渡模块"将被填满，用作接待空间；当作为居住用途时，只填充其入户的部分，其余则挑空，最大程度上减弱走廊穿行的人流对居住的影响。同时，外廊的设置还能对外来人员起到监视的作用，提升住区的安全性。

高层模式，适用于上下层的商住混合，

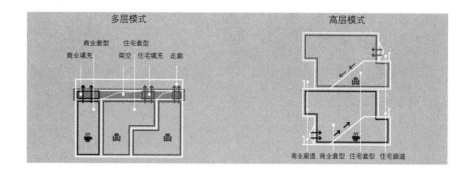

多层模式   高层模式

商业套型   住宅套型
商业填充   架空 住宅填充 走廊

商业廊道 商业套型 住宅套型 住宅廊道

将不同功能布置在建筑的不同楼层之中。我们参考了垂直混合的经典案例——柯布西耶的马赛公寓。马赛公寓是一栋带有生活服务设施、商业设施的居住大楼，让人们足不出"楼"就可以解决居住所需要的一切问题。在公寓内部，每三层设置一条"街道"，除了交通功能外，还设置了休闲座椅，供交流使用。在楼内的七、八层中，设置了各种商店，如洗衣店、蔬菜店等。

我们借鉴了马赛公寓的垂直混合模式，并且做了一些优化和调整。首先，高层建筑的商住混合的户型以复式户型为主，同时，由于开放建筑体系中填充体灵活性的特点，楼板可以拆除或者添加，以平层户型为辅。在每个楼层中设置单侧外廊，且错层布置，如果奇数层是南侧外廊，那么偶数层为北侧外廊。商业的人流只能从南侧进入商业店铺或者办公商务空间，商业复式户型的上层临北侧的走廊处不开设对外的出入口；居住的人流则从北侧外廊进入，同样，若是复式的

居住户型，户型的南侧不开设出入口。通过这种管理手段，可以确保商业与住宅人流的分离，避免交通拥挤的问题。

·单元组合机租赁机制

对于商住混合单元住宅的租住方式，我们做出了设想，由国家机构来负责投资较大的支撑体结构；开发商提供多样化的填充体部品体系；房屋的使用者与设计师一起，参与自己的住房室内设计。

以多层为例，先将一个柱跨分为四个基本的出租单元，每个单元根据其朝向和功能进行分类定价，南向单元高于北向单元，商用单元租金要高于住宅单元。一个套型包含一个南向单元和与其有直接连接的一个北向单元，然后可以根据租房使用者的需求，向相邻的单元拓展一个或者多个单元。

租户根据自己的使用需求，选择租住的单元个数和单元组合的形式，确定户型，进而选择填充过渡模块的大小。然后由社区管理方进行协调，使用计算机匹配机制，在保

单元组合和租赁机制

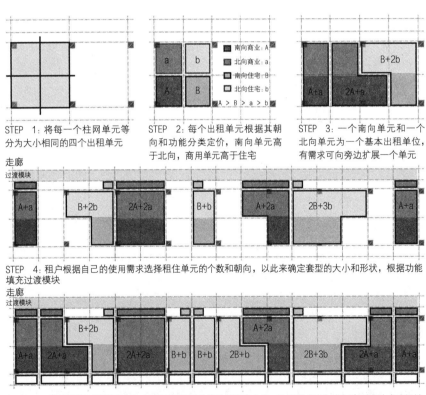

STEP 1：将每一个柱网单元等分为大小相同的四个出租单元

STEP 2：每个出租单元根据其朝向和功能分类定价，南向单元高于北向，商用单元高于住宅

图例：
南向商业：A
北向商业：a
南向住宅：B
北向住宅：b
A > B > a > b

STEP 3：一个南向单元和一个北向单元为一个基本出租单位，有需求可向旁边扩展一个单元

STEP 4：租户根据自己的使用需求选择租住单元的个数和朝向，以此来确定套型的大小和形状，根据功能填充过渡模块

STEP 5：由社区管理方进行协调，以确定楼栋租住的最优组合方案，之后租户自行进行套型设计或选择社区提供参考套型

证每个租户的利益同时，得到整栋楼的最佳组合方案。最后一步是使用者与设计师一起，共同参与室内的装修设计，最大限度地满足使用者个性化的需求。

这种租住方式能够吸引市场上大量的客户，包括各种年龄层次、收入阶层、居住类型及家庭构成的住户；同时，它提供了一个平台，可以增强住户参与设计的积极性。住户可按照自己的需要创造自己的生活空间，这种居住方式为不满足于长期居住于同一平面空间布局模式的住户提供了改变的机会，而不必另觅他处。商户也不会再因为随意的住改商后，租金上的差异导致不正当的竞争，损害他人的利益了。

3.2　从基地出发深化设计

·场地分析

设计选择创智坊二期北侧地块。场地为不规则四边形，用地面积 7605m²，四面环以人车混流的道路，交通发达。地块的西南侧有社区中心广场，北侧有公共绿地，周围的地块上均是建筑围合中心花园的组团模式，地块的南侧面临商业氛围浓厚的大学路，地块的主要人流来自于周边的大学与商务区。

·建筑体量生成

设计中，尊重创智坊地块的建筑组团肌理，形成基本的建筑体量。在出入口的选择方面，根据人流方向，北侧和南侧设置人行出入口，西侧为地下车库出入口。为了呼应周边建筑体量关系，对场地西侧的建筑单体做成 15 层的高层板式建筑，其余为 6～7 层的板式建筑。南侧沿大学路的多层板式建筑在东南转角做退台处理，从而吸引人通往建筑上层的商业，同时露台做绿化设计，美化居住的环境。

·模数设计与结构体系

为了达到商业办公和住宅的相互转换的灵活性，在骨架体系的选择上，采用大开间的原则，使用框架结构体系作为建筑的支撑体，梁和柱组成框架共同抵抗水平和竖向荷载，在柱跨内没有次梁，采用无梁的大跨楼

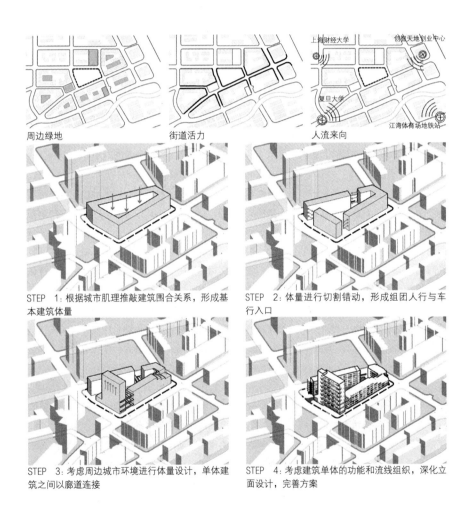

周边绿地　　　　　　　街道活力　　　　　　　人流来向

STEP 1：根据城市肌理推敲建筑围合关系，形成基本建筑体量

STEP 2：体量进行切割错动，形成组团人行与车行入口

STEP 3：考虑周边城市环境进行体量设计，单体建筑之间以廊道连接

STEP 4：考虑建筑单体的功能和流线组织，深化立面设计，完善方案

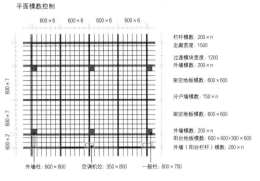

平面模数控制

600×6　600×6　600×6　600×6

栏杆模数: 200×n
走廊宽度: 1500
过渡模块宽度: 1200
外墙模数: 200×n
架空地板模数: 600×600
分户墙模数: 150×n
架空地板模数: 600×600
外墙模数: 200×n
阳台地板模数: 600×600+300×600
外墙 (阳台栏杆) 模数: 200×n

外墙柱: 800×800　　空调机位: 350×800　　一般柱: 800×750

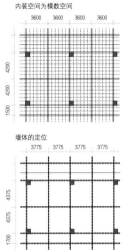

内装空间为模数空间

3600　3600　3600　3600

墙体的定位

3775　3775　3775　3775

板。框架结构体系具有结构整体性好、刚度强、较好的抗震效果、结构耐久年限长、性能稳定的优点。这样可以灵活布置建筑的平面，实现标准化与住宅部品的工业化生产结合。

公共管线和设备也是支撑体的一部分，设置了1200mm×600mm的设备管井，支撑体的设计为套型的变化留出空间。

填充体部件在模数上以3M扩大模数、1M基本模数、1/2M分模数为主，其他分模数为辅。层高为3.3m，每层设置架空地面，作为横向管道层，架空高度为200mm～300mm。

采用双轴线，填充体的模数网格和支撑体的模数网格有一一对应关系。支撑体采用模数网格进行定位和安装，柱子尺寸为800mm×750mm，偏心处理，可以保证对户内空间影响最小。架空地板尺寸600mm×600mm，分户墙墙厚是150mm，外墙厚是200mm。每一个基本单元的室内净尺寸为3600mm×4200mm，阳台和走廊的净宽为

1500mm，过渡模块的净宽为1200mm。

·户型个性化设计

在居住户型的研究上，我们通过场景设计，列举了单元组合方式下的几种户型类型。

刚步入社会的单身青年或者情侣，由于经济条件限制，可以选择南北两个基本单元组合而成的半开间户型。这一户型的特点是麻雀虽小，五脏俱全。户型内包含了生活起居一切的必要设施。整体厨房和卫生间设置在入户空间，起居空间内放置了双人沙发，阳光最好的地方是卧室，阳台可以有多种用途，如种花养草，健身休闲等。

随着青年不断的奋斗，事业小有成就，决定自主创业，想要更为充裕的空间。这时四分之三开间的户型能较好地满足其需求。其中卧室成为一个私密的空间，起居室可以容纳会客功能，为需要社交活动的年轻人提供交流和工作的场所。

随着时间的推移，用户组成家庭，当新生命到来时，需要为孩子提供一个活动空间。

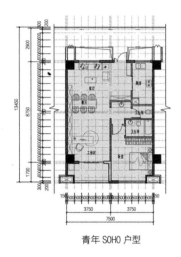

青年 SOHO 户型

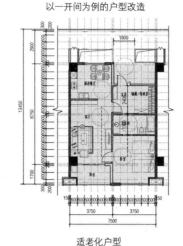

适老化户型

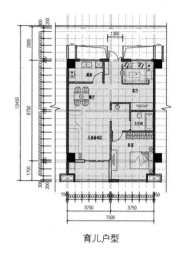

育儿户型

为此，我们在由 4 个基本单元组成的一开间的户型中设计了育儿户型。

需求继续演变，家庭成员可能会增加。这时在居住空间中，需要更多的卧室空间和储藏空间。也有用户需要自己独立的工作空间或者休闲空间，比如家庭影院、练琴房、健身房等，以此来满足用户的个性化的需求。

随着身体机能逐渐老化，住户在行动上会有诸多不便。为此我们设计了无障碍的适老户型，为老年人提供方便、宜居的居家养老户型，户型中环形路线的设计是为了能够照顾老人轮椅的旋转，使用户能够更便捷地到达每个生活区域。

以上只是我们在所建立的设计模型中提出的一种方案，而随着场景的不同，设计方案也会有所区别，但其遵循的原理则是统一的。值得一提的是，在我们的设计模型中，每一种都会有多样的室内设计，当前的一种方式我们只是为住宅的使用者提供了一种参考，居住者可以根据自己的需求，选择适合的方案。

·商住空间相容

随着市场经济的发展，人们已经开始不再满足有房可住，而是进一步开始追求居住的环境品质。居住者有便捷购物的需求，中小型企业从业者则希望能够以低廉的价格租住到满意的商办空间。

商住空间的变化方式有很多种，如一些居住的用户搬离了这里，入驻的商户开了间美甲店；有相邻的两家用户同时搬走，再次入驻的商户将两户一并租用，改成了一家咖啡书吧；也有几个自主创业的小企业家在邻居搬离后，将周边的几个单元全部租下了改成了自己的工作室。

逐渐的，商业类型入驻越来越多，在两种商住混合模式和单元组合租房机制的指导下，达到商住相容的状态。这里的相容指的是在开放建筑理论体系的指导下，不仅使各种功能在空间上和谐共处，同时在时间上也可以不断更替。

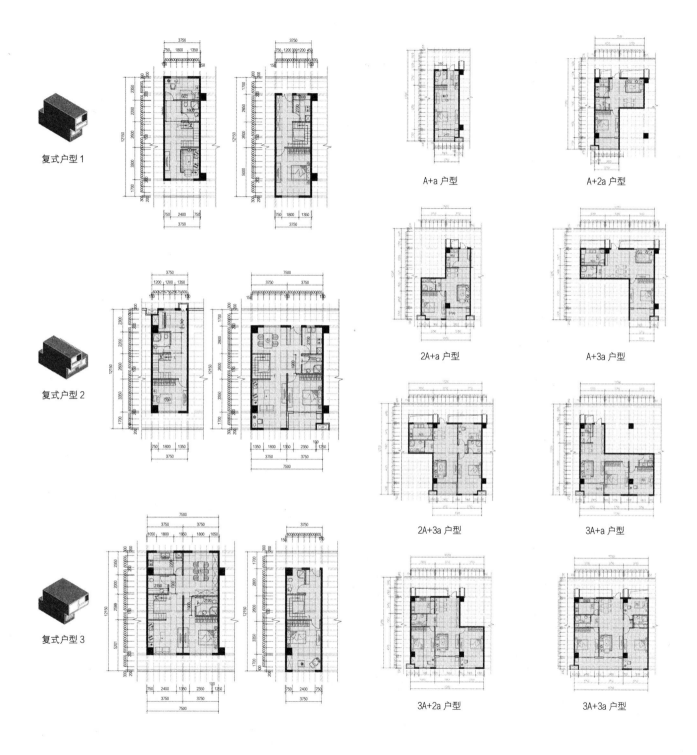

复式户型 1

复式户型 2

复式户型 3

A+a 户型

A+2a 户型

2A+a 户型

A+3a 户型

2A+3a 户型

3A+a 户型

3A+2a 户型

3A+3a 户型

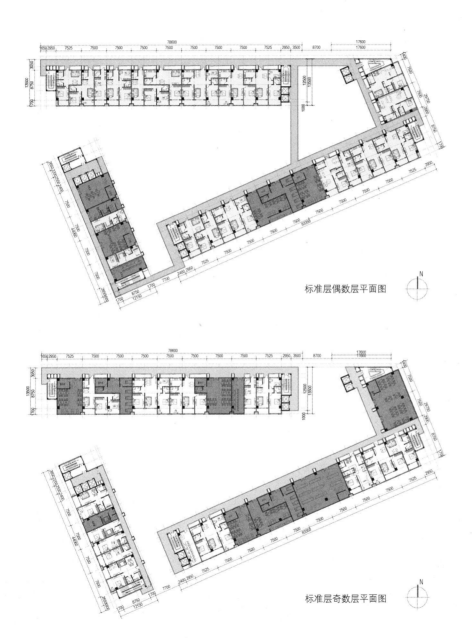

标准层偶数层平面图

标准层奇数层平面图

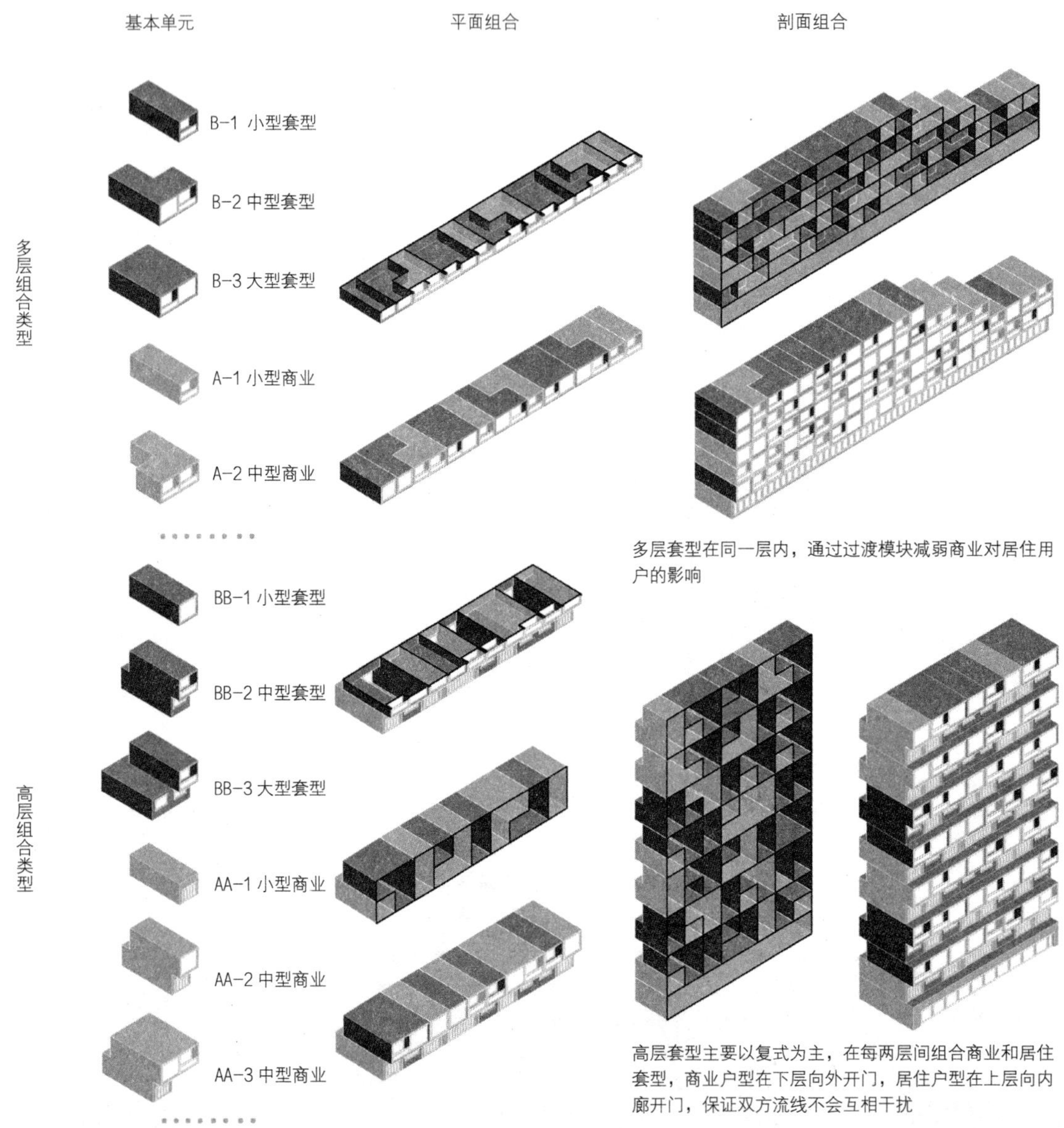

基本单元 平面组合 剖面组合

多层组合类型

B-1 小型套型

B-2 中型套型

B-3 大型套型

A-1 小型商业

A-2 中型商业

多层套型在同一层内，通过过渡模块减弱商业对居住用户的影响

高层组合类型

BB-1 小型套型

BB-2 中型套型

BB-3 大型套型

AA-1 小型商业

AA-2 中型商业

AA-3 中型商业

高层套型主要以复式为主，在每两层间组合商业和居住套型，商业户型在下层向外开门，居住户型在上层向内廊开门，保证双方流线不会互相干扰

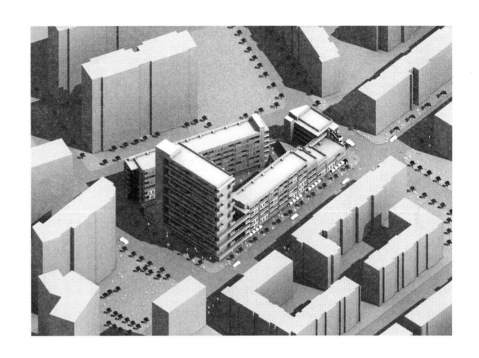

3.3 设备与技术研究

商住混合居住这一设想的实现，最重要的是需要借助开放建筑体系中工业化部品和设备技术。工业化住宅内部的分隔墙、各类管线、地板和厨卫系统等填充体，均采用标准化、工业化的生产方式，减少现场湿作业，确保产品的质量，减少环境污染，避免二次装修带来的浪费。

在结构体系的工业化方面，采用 PC 混凝土框架结构和叠合楼板的施工体系。在空间的划分方面我们也借助了工业化技术：分户墙部分采用了干式隔声耐火分户墙，利用预埋件与楼板连接固定；干式预制外墙为可拆卸的成型水泥板，可适应将来外墙和门窗位置的变更，其内侧为内装板，可以设置开关和插座；在户内，配备有设备箱，兼做门窗框与地板、顶棚的连接空间和配线空间，可设置开关和插座。

室内的隔墙分成两种，一种是固定的轻钢龙骨隔墙，具有良好的隔声性能，另一种

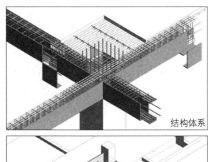

结构体系

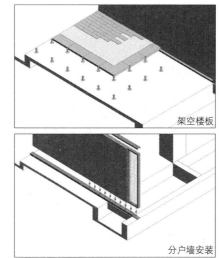

架空楼板

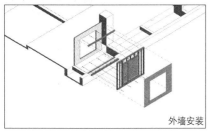

外墙安装

分户墙安装

是可活动的隔板,如折叠门板。

· 管线分离技术

户型内部分为居室区域和用水区域,靠近阳台侧为居室区域,靠近走廊一侧为用水区域。在用水区域,主要设置厨房和卫生间等用水空间,并局部降板150mm以确保排水坡度,同时在顶部设置轻钢龙骨吊顶作为换气设备和电气配线等的空间。

在居室区域不设置吊顶,从而避免增加室内的净高,而是采用新型纸状电缆直接粘贴在顶棚上,然后用装饰层覆盖。

架空地板层高200mm,在架空层内可敷设各种管线,以实现管线和主体的分离,同时在安装分水器的地板处设置检修口。地板采用树脂或金属地脚螺栓进行支撑。架空地板有一定的弹性,在地板和墙体的交界处留

出3mm的缝隙,保证地板下空气的流动,有良好的隔声效果。

墙体采用内保温双层墙,架空空间用于敷设管线和内保温材料。

通过应用以上这些工业化技术,内装的更改变得更加容易。

· 公共管井和同层排水技术

为了确保户内平面布局的自由度,使得在未来做功能变化时能方便改装,我们采用新型排水接口,使排水集中在一个地方,通过预留洞口连接竖管。

排水立管放在公共管道井内,两户共用一个公共管井。住宅采用同层排水,室内的排水和用水可以灵活分布,便于检修,还可以对排水管进行清扫。另外,同层排水还能够很好地解决修理困难和排水噪声的问题。

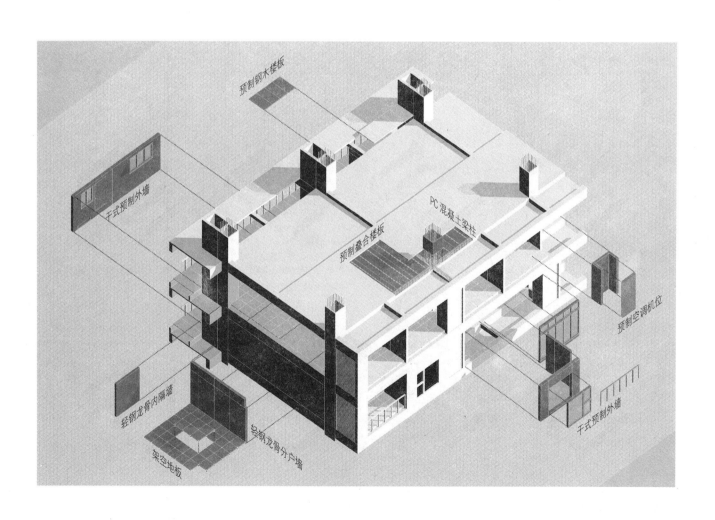

预制钢木楼板

干式预制外墙

PC 混凝土梁柱

预制叠合楼板

预制空调机位

轻钢龙骨内隔墙

轻钢龙骨分户墙

架空地板

干式预制外墙

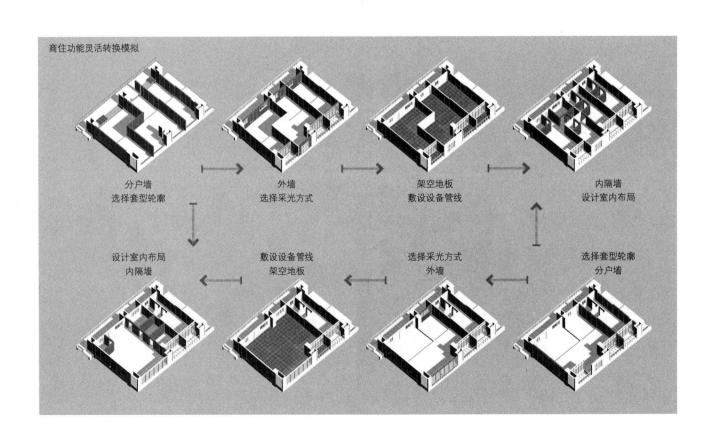

商住功能灵活转换模拟

分户墙
选择套型轮廓

外墙
选择采光方式

架空地板
敷设设备管线

内隔墙
设计室内布局

设计室内布局
内隔墙

敷设设备管线
架空地板

选择采光方式
外墙

选择套型轮廓
分户墙

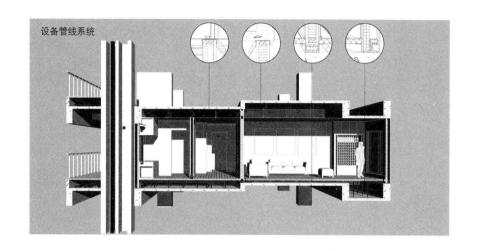

设备管线系统

公共部分的横向管线布置在公共走道下的降板空间中，室内采用了给水分水器，这样不同的管线之间可以相互独立，且相互之间影响小。

· 商住功能灵活转换模拟

在商住混合居住单元中，最重要的一点是居住和商业的内装体灵活互换。为此，我们对使用者功能需求变换的施工顺序进行了模拟：

首先是租户根据自己的需要确定户型外轮廓，安装分户墙和南北两侧外墙；

然后是敷设室内管线系统，安装活动架空地板和吊顶；

最后是根据室内布局，安装活动内隔墙和固定内隔墙、整体厨房和卫生间等系统，布置好室内家具部品和个性化产品。

相对的，当住宅更换为商业功能的时候，也可以进行灵活地转换：首先拆除在活动架空地板上的内隔墙系统，移除部分架空地板以调整部分室内管线位置，并调整内隔墙、架空地板，铺设面层，进行室内格局的更改，同时，若有需要，也可以更换外墙板，改变外立面。

通过以上的技术手段，可以解决建筑的功能相容和功能变化问题，这样也就实现了我们的目的：居住空间和商业空间之间可以自由转化，居住空间、商业空间内部也可以灵活的更改，这样，就可以满足居民不断变化的需求，建筑也可以回应城市的需要，从而不断焕发出新的活力。

4 结语

　　商住混合的居住模式实现了居住、办公和商业等城市主要功能的空间一体化，回应了居民和城市的需求，是一种有利于增加城市活力的、具备可持续发展能力的居住模式。

　　设计从解决商住混合的矛盾出发，从调研中获取商住混合的制约点，深入了解商住混合居住模式的特性，把握其特点。在开放建筑理论体系的指导下，提出了一种新的模式，使得商住混合社区的矛盾得到有效的解决。商住混合模式充分发挥了开放式建筑体系灵活性、过程性等优势，满足了城市居民的需求，有利于充分激发城市活力，创造经济和社会价值。

碎片整理

伴随着中国快速的城市化进程，人口不断膨胀，空间需求激增。对于刚刚落脚大城市的青年人而言，如何解决住房问题成为他们城市生活中最大的问题。

青年人包括刚毕业的大学生、初入社会的白领、自主创业者、自由职业者等，这些人一般经济能力有限，但他们有无限的潜力，是城市未来发展的动力。

在"买房难"的背景下，租住方式的发展潜力逐渐显现出来，住房带来的巨大压力无疑推动了住房出租产业的发展，与此同时，这其中的矛盾也逐渐暴露了出来，租住生活真的只能意味着局促、简陋、一成不变吗？它与人们日益增长的居住需求是否有可能相互协调？

租户与租客的利益共赢

1 需求和概念

1.1 社会背景下的设计初衷

为了从人的角度切实了解他们所处的社会环境和背景，我们有针对性地面向青年群体进行了第一次问卷调查，共收到了 66 份有效问卷。受访者主要是初入社会和即将步入社会的人群，总结后发现他们所考虑的问题主要集中在经济和社交方面。由于工作后社交圈的缩小和工作压力的增加，青年人群面临着社交匮乏的情况，这有可能成为我们设计中的关注点之一。

从社会中的问题出发，我们设计的初衷是针对城市中这一群往往会被忽视的人群——青年人，希望为正在迷茫中的他们建立一个共享的社区，并寻求个人隐私空间和共享交流空间中的平衡，同时结合开放建筑理论形成大城市合租的新模式。其次，通过办公和商业空间的混合置入，形成了城市生活的集合，实现了出资方和租客利益的共赢。同时，最大化地利用了城市的资源，带动了社区周边的活力，提升了居住者的生活品质。

1.2 基地和人群特点下的设计方向

本次研究基地位于上海杨浦区创智坊地块，我们在大学路上的中心广场四周选取了五栋楼进行改造，希望通过开放体系住宅的置入来活跃这个广场。对场地的分析可得出以下结论：人流主要集中在大学路，围绕中心广场的五个建筑界面较为重要；小区内部的庭院私密且尺度较小，活力较弱，广场也并没有达到十足的活力；该场地北面连接创智天地，周边建筑类型商住混合，因此可能成为吸引创业人才的地点。

以上海杨浦区创智坊地块为例，经过走访居委会我们了解到该地区 60% 为租住人群，其生活习惯和家庭结构往往是最容易发生改变的。

在此基础上我们做了第二次问卷调查，针对更广泛的社会人士，来了解租住人群的特定需求，主要为白领和自由职业者，不局限于青年人，也将中年人纳入调查范围。我们共收到了 101 份有效问卷，有 41 人目前租

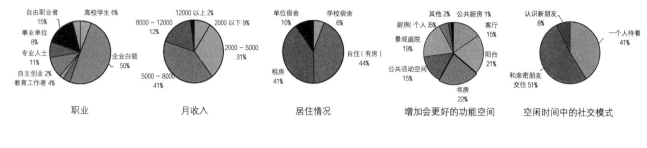

职业　　　　月收入　　　　居住情况　　　增加会更好的功能空间　　空闲时间中的社交模式

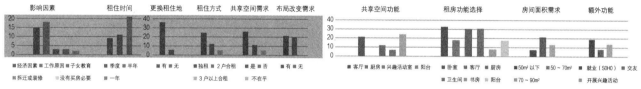

房生活。对这41份问卷做交叉分析后我们发现，被调查者的经济能力处于社会的中层水平，最影响他们租房的不是经济而是工作原因；他们有强烈更换租住地点的需求，在一次租赁行为中一般他们会选择最多一年的合同时长；注重私密性，但是也愿意和他人共享一部分的空间，作为兴趣活动室和客厅；一半左右的人有改变现有的住宅布局的需求，然而在现有的租住模式和住宅建设模式制约下，基本上无法轻易地改变住处的房间布局；这部分人群倾向于 $50m^2 \sim 70m^2$ 的户型面积，同时认为住处所在的建筑如果能够提供一定的就业机会和公共活动机会会更好。

总而言之，租住人群具有高流动性、经济能力有限、交往匮乏（交往呈现圈子化）、生活的空间基本趋同且缺乏个性以及住所难以产生归属感和认同感的特点。这种高流动性的租住人群可能会带来城市空间和居住空间的高频率置换，而开放性住宅体系的灵活性将更好地应对青年租住人群所需要的个性化和快速改变的需求，同时可以降低生活成本，从而缓解该类人群住房问题。

1.3　开放理论的介入

经过对理论和经典案例的研究，我们发现针对租客这一特定人群，开放建筑体系为我们提供了一种解决思路。

在理论方面，开放建筑理论最早模型可以追溯到勒·柯布西耶提出的"多米诺住宅

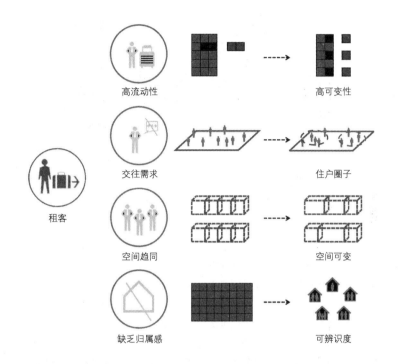

高流动性   高可变性

交往需求   住户圈子

租客

空间趋同   空间可变

缺乏归属感   可辨识度

结构体"，它将住宅的承重结构和内部功能空间划分开来，承重结构包括梁、板、柱和垂直交通体。平面规整开敞，提供了容纳不同功能和平面划分的灵活性，这种灵活式的结构体系为日后支撑体住宅的发展起到了先导作用。

从柯布西耶的"多米诺住宅结构体"到日本的SI住宅体系，住宅的结构体和内装体完全分离，内装体可以达到10到30年一次替换，使得"百年住宅"成为可能；从罗巴赫住宅到日本的NEXT 21住宅，建筑师的一次设计主要是结构体的设计，而真正的内装体以及相关的空间布局方式则取决于建筑师与居住者共同参与的二次设计。从追求快速建造到关注住宅的全生命周期，住宅的时间性逐渐被更多人所重视，随着时间进程的推进，居住者空间需求的改变可以通过弹性空间得以实现。在这些技术和设计手法的支撑下，住宅成为集成了"人"和"时间"双重要素的居住综合体，实现了灵活可变和长期适用的特点。

1.4 开放建筑案例的空间利用率

让我们以瑞士罗巴赫住宅和日本NEXT21住宅为例详细说明开放建筑特点。

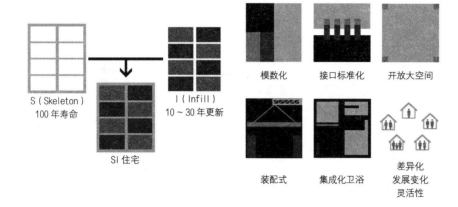

S（Skeleton）
100 年寿命

SI 住宅

I（Infill）
10～30 年更新

模数化　　接口标准化　　开放大空间

装配式　　集成化卫浴　　差异化
　　　　　　　　　　　　发展变化
　　　　　　　　　　　　灵活性

　　1998 年设计的罗巴赫住宅采用了双腔体作为承重结构，内腔体集中了公共部分包括设备空间，外腔体是居住空间，不设任何结构、完全开敞使得居民可以根据需求布置空间。日本 NEXT21 住宅也具有开放大开间的特点，并且进一步增加了空间的灵活性，也使得住户能够有机会参与建筑的二次设计——内装体的设计。它是已建成开放建筑中可变性较强的一个，然而这些开放建筑的可变性多是建立在预留可变空间的基础上。

　　然而在实际的使用中，真正进行空间改装和变化的住户少之又少。同时，通过研究其他开放建筑建成案例，我们发现闲置空间的浪费和零碎空间利用率不高是普遍存在的现象。

　　经过讨论和研究，我们提出了设想：住户对于空间的需求是动态变化的，有些阶段可能会出现一定的"冗余空间"，我们将这些空间定义为碎片空间。这些碎片化空间对于整个建筑来讲是较为低效的，那么如何将这些"冗余空间"在建筑这一层级加以整理，使其更大地发挥效能？是否能够将"碎片空间"进行整合？

　　当住户是租客时，相对于自由产权住户，流动性更强，这一方式更具备可行性。这也作为我们设计的出发点。

　　总之，我们可以基于开放建筑理论，提出几大策略来适应租客的需求：可持续性——减少重复拆建装修、节约建材、减少能耗；适应性——空间灵活可变，提高居室的使用弹性；以人为本——住户参与二次设计，真正实现个性化。

　　对于开放建筑理论，内装体的置换周期是 10～30 年，而对于租客而言，由于其频繁更换居住地点和空间的需求，他们实际的置换频率其实远远高于这个数字。在此基础上，如何针对租客群体进一步提升开放建筑理论中的适应性、可变性，以及如何针对碎片空间进行整合，提升建筑的利用率将是下一步研究的目标。

2 概念生成

在计算机中，可以通过磁盘碎片整理这一程序，将长期使用产生的碎片和凌乱的文件进行重新整理，使得使用空间重新连续可用，释放一定的硬盘空间、提升电脑的运行速度。以此，我们可以把建筑中的空间与电脑中磁盘空间做一个类比，那些闲置的、难以使用的空间就好比是电脑上的磁盘碎片，这种空间上整理的过程就好比是电脑中碎片整理的过程。通过这种手段将有利于整合开放性体系产生的碎片空间，提高利用率。而开放理论体系支撑体和内装体的分离，可以使这一概念得以实现。

在前面的调研中，我们根据对人群特点的分析，租住人群由于其年龄分布和社会属性，有较大社交的需求，并且呈现圈子化交往的倾向。然而工作的压力以及居住的环境等现实条件往往没有给他们提供良好的交往平台，使得他们出现社交匮乏的问题，因此，我们希望建筑不仅仅能够满足租住人群生活需求，还能够进一步促进交往的发生。根据

调研和对理论的研究，我们从三个层级的角度来阐释碎片整理的模式和机制。

2.1 城市层级

对于我们的场地，在设计之初，创智坊基地本身定位为开放小区，但是目前存在围墙，使得小区内部的绿地、二层平台以及其他公共空间使用率极其低，组团与组团之间并无联系，除了靠近大学路两侧的底层商业较为热闹，街区中心广场也几乎无人问津，为了改变这种现状，我们希望在中心广场周围置入围合式的集合住宅，联系周围的五个组团，提升中心广场的活力。

在实际的调研中发现其景观系统的现状逻辑是：首先在街区层级上，形成各个组团包围中心广场及其主要公共空间的形态，然后再对各个组团内的景观系统进行合理组织，在围合或是半围合的住宅楼间形成一种内向景观庭院，为每个独立组团进行服务。

同时，通过对周围的五个交通节点一天中的活动情况和人流状况进行观察、记录，

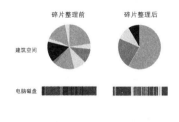

碎片整理前　　碎片整理后

建筑空间

电脑磁盘

闲置空间的浪费

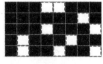

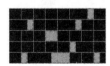

碎片空间利用率低

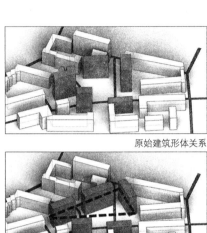

原始建筑形体关系

简化体量

形成围合

体量扭转

体量连接 底层架空

根据周围层高形成屋顶退台

与其余组团形成二层平台连接

激活广场空间

城市碎片空间　　　　网络框架形成　　　　城市层级　　　　住栋层级　　　　套内层级

发现以下特点：

人群对公共空间的使用多为穿越，而不是驻足活动；

公共广场小孩子和家长使用较多，时间集中在早上和下午；

小区内绿地使用较少，主要因为场地面积太小，只适合散步或者遛狗，不合适小孩子玩耍；

为商业预留的小后院目前也没有被充分利用。

为了提升住区公共空间的利用率，我们采用的具体手法包括以下几点：底层靠近道路部分架空，二层提供大面积连续的平台一直延伸到五个组团内部，与其他原有住宅的二层平台相联系。一层二层形成办公、商业以及公共服务部分，一层的商业可以延伸至广场内部形成创意市集。

我们将建筑体量根据周边城市肌理和日照要求进行旋转，获得了最少的遮挡和最优的日照，结合周边建筑高度形成退台式的屋顶花园，呼应了周围建筑体量，也为这个街区置入了一个景观要素，同时在居住部分嵌入公共庭院作为弹性空间应对日后布局的变化需求。

由此将形成包含一层广场、二层开放平台、各层公共庭院以及屋顶花园的公共活动系统，提高了中心城市以及周围组团的活力。

这种街区的碎片整理模式可以进行推广，这将有利于增强人群凝聚力，包括吸引力、集体自豪感与职责义务，从而提升社区乃至城市的活力。

2.2 住栋层级

在住栋层级中，根据碎片整理的概念，我们将住栋中存在的闲置的、不便使用和利用率低的空间定义为碎片空间，碎片空间可能出现因为没有人租而闲置的空间；也可能租户一开始多租了半个开间，但使用了一段时间想要退租这半个开间，这半个开间因为面积过小而难以单独出租，造成闲置。

而在需求端，可能出现可租的空间和消

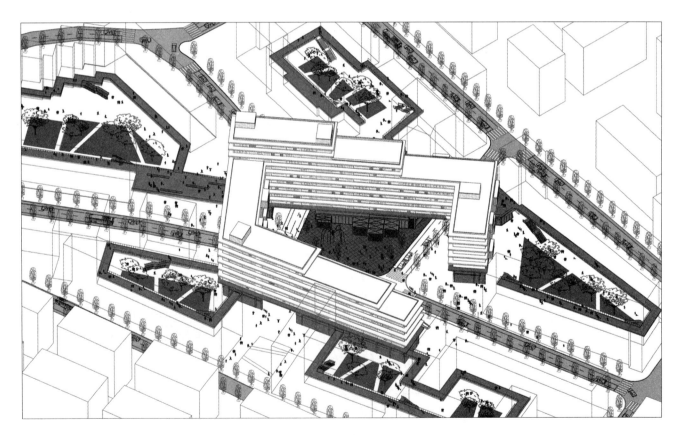

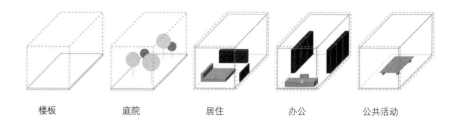

楼板　　　　　庭院　　　　　居住　　　　　办公　　　　　公共活动

费者的需求空间不符的情况，如小型家庭办公希望有两个开间及以上的空间连续租赁，而住栋中却缺少连续的可租空间，等等。

我们做出了以下设想：设计五个单元模块——楼板、庭院、居住、办公和公共活动，以及一套住栋外部的滑动体系，实现内装模块的灵活移动。同时希望借此住户可以真正意义上根据空间需求的改变而改变居住开间大小，将弹性空间的定义变得更为广泛。

同时，租住人群可以在网上设定空间布局，参与二次设计。互联网的加入不仅可以降低许多运营成本和资源，而且使得住宅的设计和租赁向着平台化、网络化发展。

随着租客在高流动的租住生活中对空间需求的改变，住栋层级对空间整理的需求也有所不同，大致可以分为三类：

聚小成大。租客在租住过程中空间需求发生改变，希望退租半开间，退租的空间成为了闲置空间，可以将多个小的闲置空间整合形成完整空间再次出租利用；

聚住成商。原本使用率低且零散的小空间可以通过整合，形成大空间出租，将原有的居住空间用作商业或办公空间；

同类相聚。在青年人的租住生活中，可能会通过兴趣爱好形成社交圈子，几个青年人通过整理可以形成租客之家，便于共享空间，也便于兴趣爱好的展开。

具体而谈，整理的过程是基于内装体和结构体的分离以及一整套的滑动体系才得以实现。当同楼层整理时只需要通过该层的轨道水平移动内装模块即可实现。当需要进行跨楼层的整理时，则需要利用立面轨道配合水平轨道，将内装模块置入目标位置。

我们利用了开放性建筑理论灵活可变的概念，利用租客高流动性的特点，提供了灵活多变的租住空间供应模式，真正地实现了租住人群空间需求个性化。同时在青年人群中形成社交圈子、共享社区，提升了归属感。而滑动体系使内装模块的灵活移动成为可能。

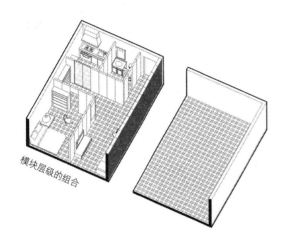

模块层级的组合

2.3 模块层级

内装模块直接关系到租户的使用空间，传统的租住模式中，难以保证租户的需求和现有的空间完全相符，所以也会形成碎片空间，为此我们设计了可变的内隔墙系统，方便进行套内的碎片整理。

内隔墙系统的提出是为了满足高频率的个性化空间改造，通过计算确定四种规格：隔墙尺寸分为 10cm、30cm、90cm 和 110cm，以满足任意长度内隔墙的组合。在构造上，内隔墙由外壳、填充、竖向支撑、横向支撑、密封橡胶以及竖向调节装置组成。

户内的电线、网线的布线系统也可以结合内隔墙体系实现灵活布线，在墙体离地面 30cm 和 100cm 的高度处设置暗槽，电线槽内放置并加盖封条以方便在房间任意位置布置开关插座。

在套内空间中，除了利用可拼装内隔墙模块改变空间布局外，还可以通过其他方式实现户内的个性化变化，如扩大或移动厨卫空间、利用可移动或可折叠家具、增加阳台空间等方式。

除了模块内部的碎片整理以外，我们还考虑了规模扩展的可能性。通过内装体模块的移动及组合，在该层级能够实现不同开间大小之间的整合和高效使用。

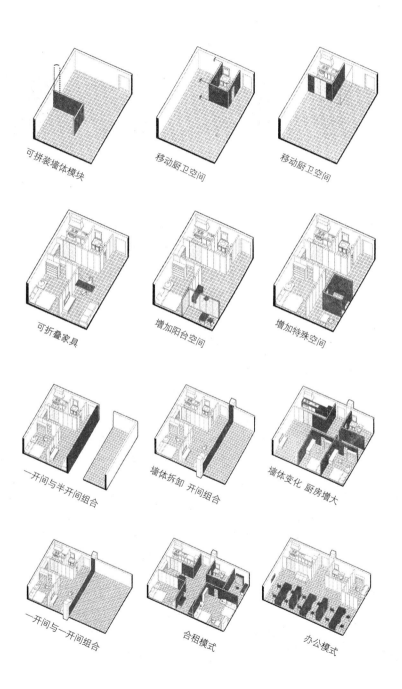

可拼装墙体模块

移动厨卫空间

移动厨卫空间

可折叠家具

增加阳台空间

增加特殊空间

一开间与半开间组合

墙体拆卸 开间组合

墙体变化 厨房增大

一开间与一开间组合

合租模式

办公模式

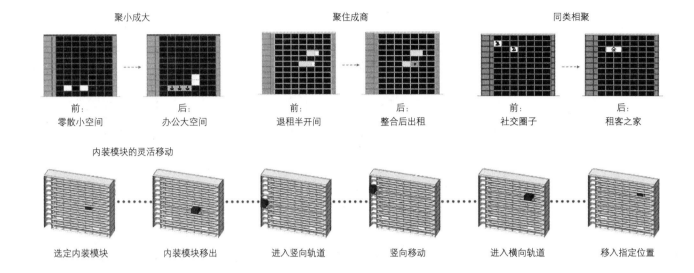

聚小成大 | 聚住成商 | 同类相聚

前：零散小空间 → 后：办公大空间

前：退租半开间 → 后：整合后出租

前：社交圈子 → 后：租客之家

内装模块的灵活移动

选定内装模块 — 内装模块移出 — 进入竖向轨道 — 竖向移动 — 进入横向轨道 — 移入指定位置

2.4 可行性探讨

在此基础上，我们进行了一定的可行性研究：

经济上，新的管理和技术可能会使得成本增加，然而目前碎片整理的方式可以灵活增加或减少租房面积，更容易出租；可以形成新型邻里关系，使得社交圈子化，建筑更具吸引力；同时建筑可辨识度高，归属感强。

管理上，首先我们考虑了新模式开放建筑的全生命周期。在这样一个周期循环中，从开发商建造支撑体开始，完成个性化选择置入内装体，可以快速地入住第一批租客。管理系统两个月进行一次用户的信息收集，达到整理需求后半年进行一次整理。这种循环可以不断优化，未来可能会形成一种更为融合的社区，不仅体现在租住的类型上，也体现在邻里结构上。

本着自愿原则，管理方和租户都通过线上系统进行信息的互换。在个性化选择时人群可以选择兴趣圈子、基本开间大小和附加开间，公共空间模块可以自由地扩展和增加，半年后，通过系统统计需求和碎片空间，整理圈子组成以及将闲置空间整合重新利用。

针对协调管理难、整理过程是否会影响邻居的问题，我们设想了两种整理机制。第一种情况是租客之间的协调整理，通过租客在系统上登记自己的需求后由系统分配，或者租客自己发布信息私下协商，完成组合配对再进行整理；另一种情况发生在房东和租客之间的协调，我们通过物业发布信息，与租客进行协调，同时租客在线上登记自己的需求，通过系统匹配完成组合，再进行整理。

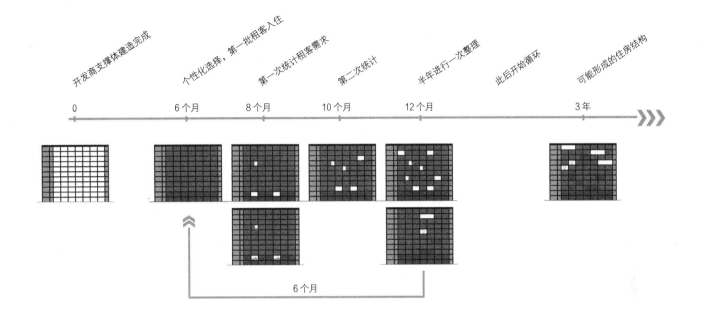

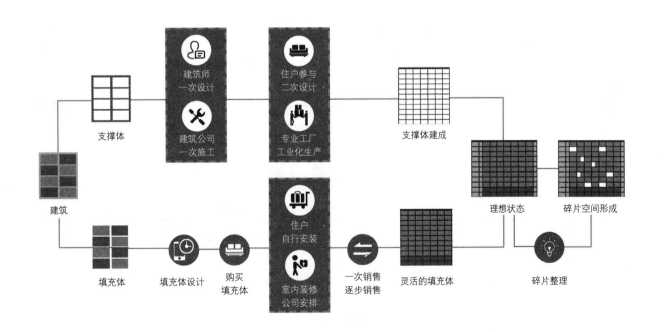

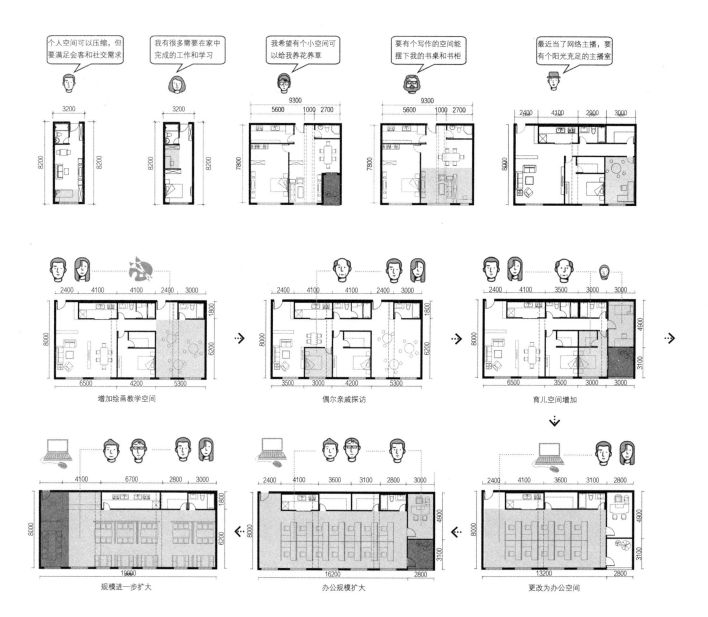

3 户型个性化研究和户型故事推演

3.1 个性化与灵活性研究

户型方面我们列举了在几种开间情况下可能产生的户型类型，以此来了解出租空间的个性化设计。

从户型的研究上看，我们列举了在几种开间情况下可能产生的户型类型，以此来了解出租空间的个性化设计：如有的人希望极致压缩个人空间来满足自己社交和会客的需求；有的人希望刨除社交空间，增加工作空间；喜爱绿植的人希望增加阳台空间；摄影工作者希望压缩个人空间形成一个满足爱好的暗房；网络主播可以增加一个阳光充足的主播室等。

同时我们也以一个家庭结构变化的案例为例，对随之而变的户型也进行了设计：妻子是绘画老师，在最初的空间改造中将一部分空间改造成了绘画教室，供学生来上课；偶尔家里的亲戚想来住上几天时可以简单改造出一间小小的客房；当家庭结构改变，夫妻二人有了孩子，老人也想搬来帮忙照顾孩

子，因此需要增加两间采光良好的卧室；丈夫的事业有了成色之后，一家人在别处购置了房子，这里就被丈夫改造成工作室；随着工作室的规模扩大，这时需要多租半个开间，同时增加会议桌、私密办公区以及提高空间品质的小花园。

3.2 户型故事

户型故事的最终形成围绕着租户间的生活场景和碎片整理系统展开，结合前期的研究成果，我们设想了6个典型的户型以及其伴随着整理过程发生的户型变化，通过这6个户型故事展现随着时间、租户家庭结构和生活需求的变化，以及户型的灵活适应方法。

在半开间的碎片空间案例中，可以分为以下三种模式：

自用模式。在附近上班的白领在此租住半开间进行短期的办公，为了满足其办公需求，可以通过改变隔墙以分割出工作空间。

同层整理。夫妻租用了两开间，户内设计一个小阳台供妻子种花以及一个书房供丈

自用模式　　　　　　　同层整理　　　　　　　跨层整理

夫工作，当他们有了孩子，家庭成员的增加使得空间的需求增加，决定增加半开间，可以通过同层的移动，将闲置的半开间重新整合成 2.5 开间以增加卧室数量。随着孩子长大、外出学习，对于空间的需求又一次降低，夫妻二人可以退租半开间。重新规划布局以达到较高的空间利用率。

跨层整理。租住了一开间的单身男士在有了女友后决定增加半开间形成 1.5 开间，可以通过移动其他层的闲置半开间完成整合以展开甜蜜的同居生活，随时时间变化，二人兴趣爱好无法在较小空间满足，可以再次增加半开间。

一开间的碎片空间案例中也有三种模式：

自用模式。摄影师租用一开间，用以居住和工作，考虑到其职业需求，可在标准户型的基础上改变空间布局，缩小卧室的面积，并增加一个暗房。

同层整理。租住两开间的创业人士开设了小型工作室，随着公司的发展、合伙人的加入，可以将同层的一开间整合形成三开间的大空间，扩大公司规模，而当合伙人要各自分开后，可以重新退租一开间完成空间的分割。

跨层整理。好友或同事二人选择了一开间进行合租，一段时间后，相熟的好友希望与他们合租，因此通过跨层的移动增加一开间形成共享客厅，同样地，可以通过继续增加开间扩大共享空间规模。

在以上案例假设中，都产生了使用率不高的碎片空间，需要利用内隔墙系统、厨卫空间改变和增减标准模块等方式进行整理。

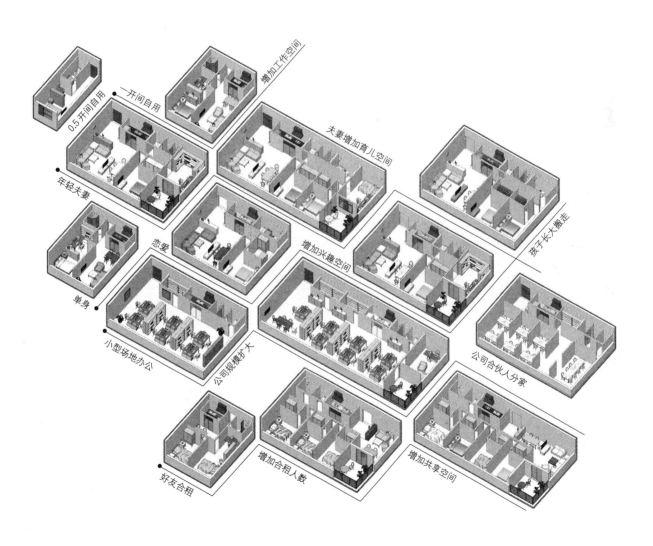

0.5开间且用

一开间自用

增加工作空间

夫妻增加育儿空间

年轻夫妻

恋爱

增加兴趣空间

孩子长大搬走

单身

小型场地办公

公司规模扩大

公司合伙人分家

好友合租

增加合租人数

增加共享空间

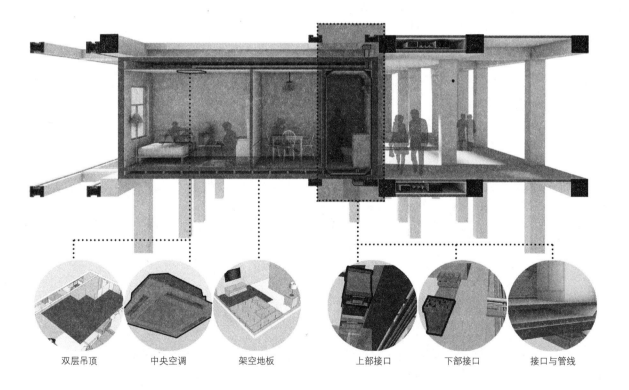

双层吊顶　　　　　中央空调　　　　　架空地板　　　　　　　上部接口　　　　　下部接口　　　　　接口与管线

4 技术设备研究

4.1 管线分离与一体化接口设计

在住宅中，起居室和卧室等房间的灵活划分可以通过可变的分隔墙或是家具来实现，而厨卫因为特殊的功能要求，管线设备最为集中，问题最为复杂。

在传统住宅建造模式下，通常会将各种管道直接穿越楼板，这造成了很多弊端，如容易渗水，日后老化更换维修困难等，且不能满足内装模块灵活移动的需求。

某种意义上讲，为了实现住宅室内空间的完全自由划分，必须实现厨卫空间的灵活可变，因此采用整体卫浴、整体厨房技术，通过降板实现同层排水。结合户内架空地板中架空层，将其用作水平设备层进行管线铺设，户外集中设置竖向管井，并且单独设计了标准化的综合管线接口。

综合竖向管井集中在走廊布置，走廊处的梁采用反梁构造，留出足够的走线空间。通过入户走廊一侧的标准化接口，将各类管线接入户内，再在各自户内根据需要进行水平布置。

而管线的接口集成为一个标准化接口与内装模块相连的最大优势，就在于内装模块与支撑体脱开与安装的时候可以进行自动的断开与连接，避免了传统连接管线重新布线的繁琐工程。

4.2 租户的灵活改装

为了实现租户对于租住空间的灵活改装，我们设计了相应的内装墙体，可以方便操作，改变空间布局；整体卫浴、整体厨房的使用大大提高了用水空间的灵活性，当家庭结构发生变化，可以增加和减少整体卫浴的数量以及改变整体厨卫的规格型号；同时，家具也是灵活可移动的。

在改装过程中，当租户改变了开间大小，需要相应地改变模块化外墙数量、吊顶和地板的拼接模块数量，我们针对这种情况同样设计了外墙、吊顶、地板的部品库，用户可以在部品库选择各种部品，如门窗、模块化阳台等进行安装和改装。

5 结语

　　结构和内装的分离，是开放建筑理论中最突出的特点，也是我们设计得以成立的基础。对租客需求的讨论、对社会问题的回应的基础上，我们运用开放建筑的原理，提出了碎片整理的概念。

　　开放性建筑的灵活可变很好地适应了租客的高流动性特点，弥补了租客的趋同性，实现了真正的租住人群空间需求个性化，同时在青年中形成社交圈子、共享社区，提升归属感和地标性。在技术上，真正实现开间上的灵活变化，与传统模式相比，技术的改变势必会带来居住者、设计方等各利益相关方的共赢。

　　利用碎片整理系统可以充分利用空间、提升建筑的灵活可变性，减短变化周期，最大程度为租客提供个性、舒适、灵活的空间。

　　在空间关系上，它不仅仅使得户内空间具有高自由度和更新性，更具有时间性，可以灵活应对家庭结构和空间需求的改变，同时标准接口和整理系统的提出将灵活性的定义从户内扩展到开间的灵活变化；

　　在社会关系上，结合初衷对于青年租住生活未来模式的探究，这种开放性将有利于青年群体共享社区的建立，有利于社交圈子化模式的形成；

　　在城市空间关系上，开放性连通了周围较为封闭的小区，提升了社区广场的活力，同时支撑体和内装体的更新速度不同使得建筑可以长期使用，大跨度柱网提升了日后建筑类型转变的可能性，有利于节约资源、降低成本，让人们对待建筑的眼光从"大拆大建"中转变，通过改造再生，实现建筑的全生命周期使用。

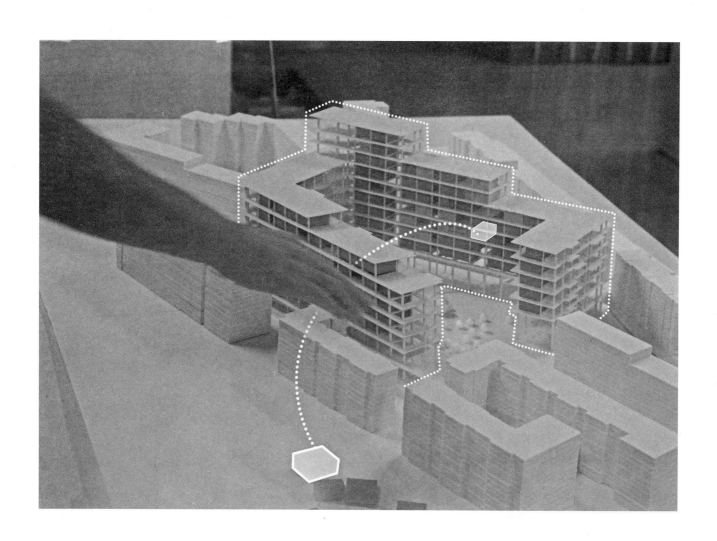

E · HOUSE

在经历了几十年的快速发展后，中国大城市聚集了大量人口，其中年轻群体占据了多数。大城市日益高企的房价，让许多年轻人都选择通过租房而不是买房来解决自己的居住问题。面对不断膨胀的租房需求，传统住房系统中存在的问题也渐渐凸显，繁琐的租房手续、良莠不齐的住宅质量以及难以变动的住房布局都让住户的居住体验大打折扣。与此同时，伴随着互联网技术的兴起，年轻群体更倾向于通过网络来解决自己的各项需求，淘宝、携程、微信等网络平台的流行都是这一趋势的体现。此外，互联网高效、便捷的特点也让其应用范围不断地扩大。

　　基于以上背景，我们希望在住宅设计的过程中找到一种方法，来解决现有住宅体系中存在的部分问题，并适应互联网影响下青年群体的使用习惯。

1 调研与概念

1.1 调研

为了了解场地特点和目标群体的真实需求，我们在开始正式的设计工作前，分别对场地和目标群体进行了调研。其中场地调研以现场勘查为主，目标群体调研则以问卷调查为主。

· 场地调研

本次设计场地位于上海市杨浦区大学路地段创智坊内，场地调研的内容包括周边设施、人群结构、空间环境、商业业态及住户反馈。场地调研主要有两个目的，一是了解现有场地特点，为接下来的住宅设计提供依据；二是在创智坊内选择出一块合适的地块作为设计住宅的基地。

创智坊位于五角场商圈的西北方向，东邻创智天地，西靠复旦大学和上海财经大学，在其东南方向设有地铁站点，周边配套设施齐全。创智坊采用开放式街区设计，由7个居住组团构成，内有大学路、伟德路两条主要道路。其中大学路人行道尺度较大，适宜步行，故平时人流量较高，沿街商业发达，商业业态主要以餐饮为主。较高的商业价值也使得大学路两侧住宅楼中的许多单元都被改造成为了商业空间。由于靠近高校和办公区，创智坊内居民多为年轻人，他们也是沿街商业的主要消费群体。

此外，我们还调查了创智坊当前的房价和租金水平。截止到2017年9月，创智坊内住宅的平均售价大约为6.6万元/m²，两居室的平均租金约为7800元/月。良好的区位和完善配套设施可能是造成创智坊房价和租金高企的主要因素。

· 目标群体调研

在针对目标群体的调研中，我们采用了实地采访和网络问卷两种调查形式。调研内容主要涉及目标群的收入水平、租房成本、居住时长、生活习惯、功能需求以及居住满意度等要素。本次调研共回收了61份有效问卷，在对统计结果进行分析后，我们发现如下几个现象：

居民对现有住宅的各项评价

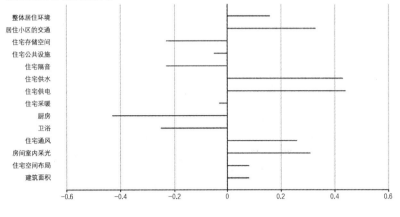

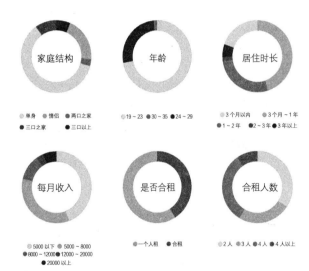

目标群体大部分为工薪阶层，收入水平中等偏下；

多数人对房屋租金价格十分敏感，追求性价比，因此会选择合租；

大部分人希望社区周边有便利店、快递收发站、水果店、共享单车停靠点等设施；

住户对现有住房的厨房、卫生间评价较低，许多住宅还存在收纳空间不足和隔声较差的问题；

现有住房难以满足目标群体多样化的功能需求，大部分人希望住宅空间布局能够灵活变化。

普遍反映找房和搬家这两个环节会耗费大量时间和精力。

前期的场地和目标群体调研为我们接下来的设计提供了切入点：一是如何满足目标

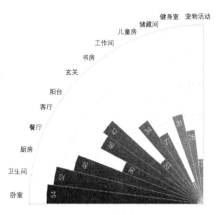

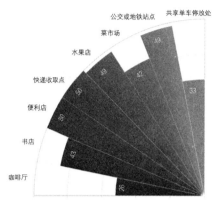

住户对不同功能房间的需求   住户对不同社区服务设施的需求

群体的需求，比如可变的住宅空间和适合的公共设施；二是如何解决现有住宅中普遍存在的不足，比如隔声较差和收纳空间较少；三是如何应对场地中现有不利因素，比如噪声和碎片化的公共空间。

1.2 设计概念

在前期调研后，我们首先以解决问题和满足需求为原则提出了三个主要的设计思路：一是通过设计和技术手段来实现套型的可变性，以满足住户多样化的需求；二是在设计时尽量留出充足的公共活动空间并采用开放式设计；三是通过合理的选择和空间设计来规避现有环境中的噪声问题。

其次，为了改善传统住宅中存在的种种缺陷，保证工程质量，我们希望利用标准化和工业化生产的部品构件来建造住宅。

此外，我们还希望利用一个统一的平台来对住宅的设计、建造与维护进行整合，使得设计师、施工方和物业部门之间能更有效地进行反馈沟通。

在拥有大致的思路后，我们小组便开始收集相关的技术、理论和实践资料来做参考。在这一过程中我们发现开放建筑理论（Open Building）、SAR 理论（Stichting Architecton Research）、SI 体系（Skeleton and Infill）能够为我们提供设计上的启示，而新兴的互联网技术也从平台建设方面给予了我们新的设计思路。

· 开放建筑理论、SAR 理论与 SI 体系

SAR理论由荷兰学者哈布瑞肯(Habraken)教授于 1960 年代提出，其核心目标是在住宅工业化的基础上建立一种可满足不同住户需求的、灵活多样的住宅设计体系。

SAR 理论将住宅分为两个主要部分，一是支撑体（Support），一般是指住宅中不变的结构体系；二是可分单元（Detachable Unit），一般是指住宅中可变的非承重构件，如隔墙、楼梯、整体厨房等。在保持支撑体不变的前提下，通过调整可分单元的位置、样式和组合形式，便可得到多样的居住空间。

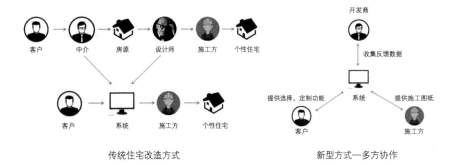

传统住宅改造方式　　　　　　　　　新型方式—多方协作

开放建筑理论是在 SAR 支撑体住宅的理论基础上提出的，该理论也被认为是当代住宅工业化的基础性理论。该理论的核心内容是使建筑能满足使用者随时间、社会、环境等这些因素变化而变化的需求。

SI 住宅体系是日本在 SAR 支撑体住宅理论于开放建筑理论基础上建立的一种住宅设计、建造体系与方法。其核心目标与 SAR 支撑体住宅理论类似，依托住宅工业化实现住宅的多样性与适应性。SI 住宅体系可分为支撑体（Skeleton）和填充体（Infill）两个组成部分。

支撑体是指住宅的结构构件、部分公用管线及公共交通空间（电梯、楼梯和走廊），其具有较长的耐久性，为所有业主共有。填充体是指住宅的隔墙、管线、整体卫浴、整

体厨房等非结构部分，一般具有较高的灵活性与适应性，可根据业主的需求适时调整。

NEXT21 实验住宅是 SI 住宅体系比较知名的案例，其主体结构采用混凝土框架结构（支撑体），内装系统（填充体）采用工业化部品，能够灵活地进行调整更换。自 1994 年开始，该项目一直持续根据居住者需求的变化进行空间改造的实验，验证了其建筑体系的实效性。通过住户空间的改装，既验证了外墙和"用水空间"（指厨房、卫生间等用水场所）、住户规模变更的可能性，也研究了建造与施工的课题以及结合未来需求变化持续性探讨的必要性。

对开放建筑理论、SAR 理论与 SI 体系的研究为我们设计可变性住宅提供了理论基础和参考实例，接下来的建筑单体设计中我们

交通 连廊 框架

工业化体系

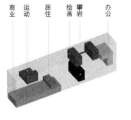

商业 运动 居住 绘画 攀岩 办公

不同职业需求

工业化建造方式可满足
多人群混合需求

也是依照支撑体－填充体体系来进行的。

· E·HOUSE 系统

在经历了几十年的飞速发展后，互联网如今已经融入人们日常生活的方方面面。通过互联网，我们能快速地查到我们需要的信息。同时，随着大数据和云计算的兴起，互联网所具备的功能也越来越强大。

特别是对于年轻人来说，互联网已经成为他们生活的一种习惯。借助淘宝、微博、微信等平台，人们可以足不出户地购物、分享和社交。在互联网蓬勃发展的大背景下，我们希望在设计中体现出新兴技术带来的新可能性。

因此，我们希望基于互联网技术搭建一个类似于 Airbnb 的综合住房系统—E·HOUSE。通过该系统，住户能轻松地进行找房、改造、搬家、评价等一系列活动，而不需另外寻求房地产中介、设计师、施工队等第三方的帮助，简化了住户的居住流程。

为了方便住户改造住宅，我们设想在 E·HOUSE 系统中设置了一个住宅设计界面，住户只需要经过简单的教程就能使用该界面来对住宅进行改造。

除此之外，我们设想 E·HOUSE 系统还能根据住户的需求自动生成对应的施工图纸、部品清单，并将其发送给施工方和部品生产商，省去了住户寻找设计师、联系施工队以及购置建材的环节。

确定以上构想之后，我们通过具体的设计，对这一系统进行深入的开发，包括场地和建筑、建造和技术、系统构建等。

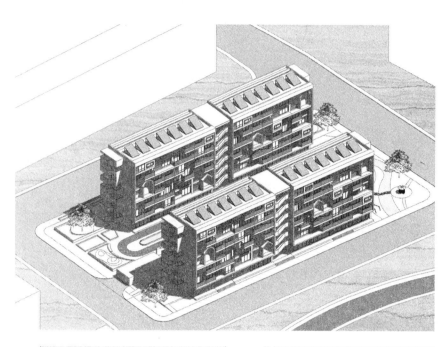

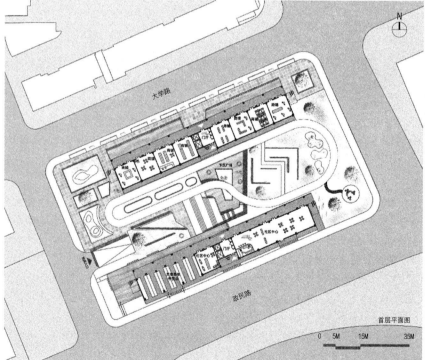

大学路

政民路

N

首层平面图

0 5M   15M   35M

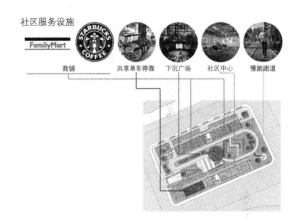

社区服务设施

FamilyMart　商铺　　共享单车停靠　　下沉广场　　社区中心　　慢跑跑道

2　方案设计

2.1　基地选择和场地设计

经过调查和讨论，我们选择了创智坊东南角的地块作为住宅设计的基地。因为该地块处于大学路尽端，平时人流量较少，环境较为安静，噪声对住户干扰较少。在其东南方向还有一地铁站，步行距离约500m，交通出行方便。此外，地块南临河道和滨水活动空间，具有良好的景观视野。这为我们设计的展开提供了丰富的场地条件。

选择完基地后，接下来的环节就是场地设计。在场地设计的过程中，我们以改善现有环境不足和满足住户需求为出发点，采用了以下几种设计策略：

首先是采用了开放式的布局，这样既能让周边的创智坊的居民共享公共空间，也能让通勤人员更快捷地前往地铁站。

其次是我们在场地中置入了慢跑跑道，方便社区居民就近锻炼。同时，我们还在场地中设置了大量绿地，以缓解该区域绿地不足的问题。在场地的中央还专门设有一下沉广场，上部为架空跑道，这种设计使得公共活动空间和跑步空间相互分离，避免了不同使用人群之间的相互干扰。

结合前期的调研结果，我们将住宅楼首层空间用来布置相应的服务设施。北面住宅的底层空间因为紧邻大学路，具有较高的商业价值，故被用来布置便利店、咖啡厅等商业设施。南面住宅的底层空间则被用来设置自行车停放点和社区活动中心。

为了方便部品运输和存储，我们在场地西侧预留了一个地库入口，让货车直接进入地下库房，实现人车分流。

采用 8400mm×8400mm 柱网

框架结构

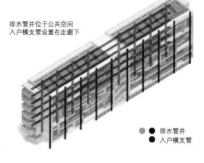

排水管井位于公共空间
入户横支管设置在走廊下

● ● 排水管井
● 入户横支管

管井与排水管

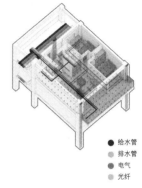

● 给水管
● 排水管
● 电气
● 光纤

架空地面与管线

2.2 结构体设计

在设计住宅的单体时，我们参照 SI 体系将建筑分为结构体和填充体两个部分，这样做的目的是让建筑能够容纳多样化的居住空间。结构体包括住宅结构、公共管线、电梯楼梯和屋顶太阳能光伏板。

· 建筑结构

出于减少建造成本和降低建造难度的目的，我们在设计建筑结构时采用了常规的框架结构。

建筑采用单廊式设计，主体结构采用了 8400mm×8400mm 现浇混凝土框架结构，设有两部电梯，其中较大的一部为货运电梯，在建筑的两端和中部还各设一部楼梯。

建筑层高为 3.6m，每两层浇筑现浇楼板，此举主要是为了留出充足的层高以应对将来可能出现的居住空间转变为商业空间的状况。

· 公共管线

建筑的公共管线分为横管和竖管两个部分，为了减少公共管线对居住空间的侵占，使得住宅能够公私分明，公共管线都布置在建筑的公共区域。

其中横管包括进水管、电气管道和光缆，布置在公共走廊下部；竖管为下水管，布置在主体结构的南面和北面，并与每户相对应。

· 太阳能光伏板

为了充分利用建筑屋顶空间、节省能源，我们在屋顶设置了若干太阳能光伏板来为建筑公共空间的照明系统提供能源，光伏板属于公共部分，由住户集体所有并由社区运营。

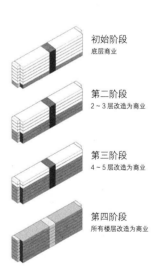

初始阶段
底层商业

第二阶段
2～3 层改造为商业

第三阶段
4～5 层改造为商业

第四阶段
所有楼层改造为商业

住宅—商业演变

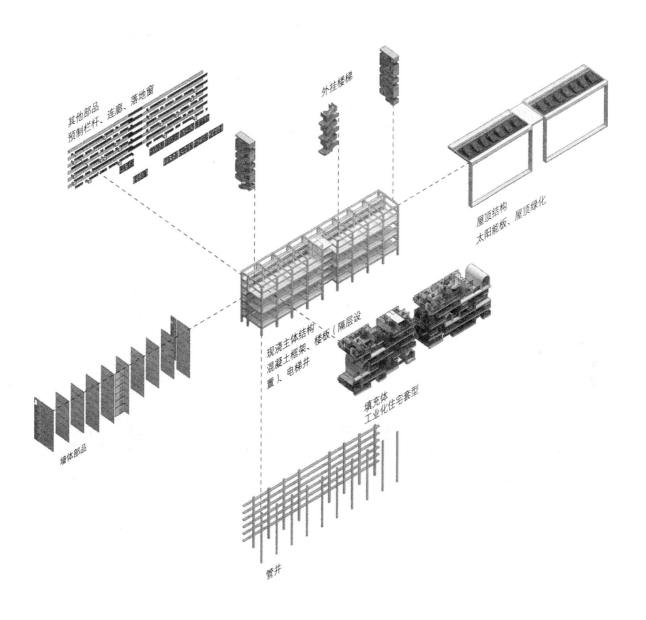

其他部品
预制栏杆、连廊、落地窗

外挂楼梯

屋顶结构
太阳能板、屋顶绿化

现浇主体结构、楼板（隔层设置）、电梯井
混凝土框架、

填充体
工业化住宅套型

墙体部品

管井

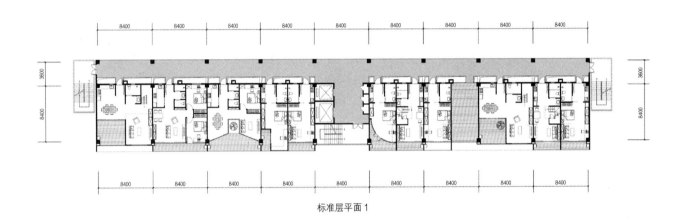

标准层平面 1

标准层平面 2

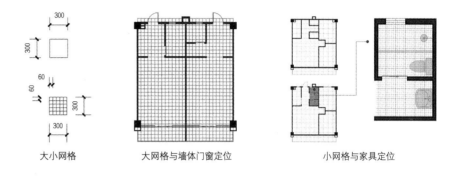

大小网格　　　　大网格与墙体门窗定位　　　　小网格与家具定位

2.3　模数系统

在该设计中我们专门开发了一套模数系统，其作用是统筹套型设计和部品生产，使套型和部品相互兼容，同时让用户自主改造套型时能兼顾标准化需求。模数系统由大、小两种网格组成，小网格尺度为 60mm×60mm，主要用于家具部品的生产和定位；大网格尺度为 300mm×300mm，主要用于墙体、门窗部品的生产和定位。

2.4　住宅填充体

·预制墙板

预制墙板分为内墙（120mm 厚）和外墙（180mm 厚）两大类，每一类都有不同长度、高度的规格，墙体的长度以 300m 为单位变化。

墙板的主体结构为轻钢龙骨，在龙骨两侧会根据需要铺设隔音层、保温层和面层。在安装墙板时，会先在上下楼板设置固定用的 U 型钢槽，然后用螺栓将墙体固定在钢槽上。每块墙板上都会预留凸起和凹槽，以便墙体之间相互连接。

·地板和顶棚

住宅地面和顶棚分别采用了架空地板和双层吊顶的形式，留出的架空层为管线敷设提供了空间，如此便省去了传统住宅内装中的开槽环节，避免了对建筑结构的破坏。

·家具部品

家具部品主要包括床、书桌、衣柜、整体橱柜等，所有的家具部品都是基于 60mm×60mm 网格模数进行设计和生产的。和预制墙板一样，各类家具部品都有不同的尺度规格。

2.5　结构部品

结构部品包括预制外挂阳台、预制装配式楼梯、预制楼板和钢柱钢梁。

由于建筑主体结构采用了隔层设置现浇楼板的做法，所以当中间层需要加设楼板时就需要专门的结构部品。为了方便架设楼板，我们在中间层的横梁上预制了钢槽，用来安装固定钢梁，再结合钢柱和预制楼板来完成中间层楼板的搭建。

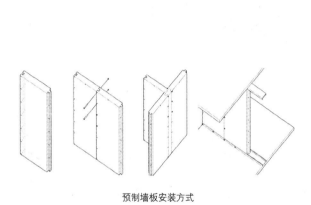

预制墙板安装方式

预制墙板尺寸

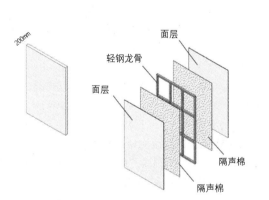

预制内隔墙板构造

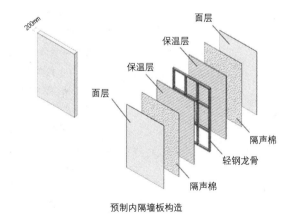

预制内隔墙板构造

预制钢槽

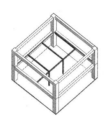

架设钢柱、钢梁

铺设预制楼板

吊装预制阳台

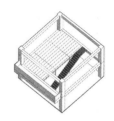

架设预制楼梯

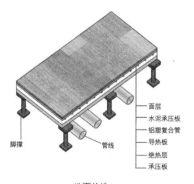

面层
水泥承压板
铝塑复合管
导热板
绝热层
承压板

脚撑

管线

地面构造

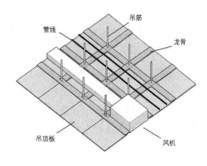

吊筋

管线

龙骨

吊顶板

风机

吊顶构造

吊顶与空调系统

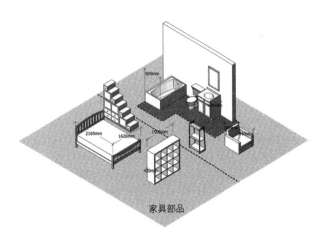

家具部品

2.6　定制化部品

除了以上这些基于模数系统设计制造的部品，住户还可以在居住单元中使用定制化的部品来建造自己的住宅。定制化部品的尺度可以不以模数为基础，但部分部品如墙体、落地窗等在设计时其首尾两端必须同时置于300mm×300mm网格交点上，以方便定位。

2.7　套型设计

在本方案中，考虑到住户们不同的居住习惯和居住模式（如独居、合租），我们设计了A1、B1、C1、C2四种基础套型。

其中A1为一室户，面积42m²，可供1～2人居住；

B1为两室户，面积86m²，可供2～4人居住；

C1为LOFT两室户，面积84m²，可供2～4人居住；C2为LOFT三室户，面积147m²，可供3～6人居住。

每种套型都基于300mm×300mm模数网格来进行设计，家居的布置则是基于60mm×60mm模数网格。为了适应住户需求的变化，所有基础套型都可以在原有的基础上进行改造。

根据之前的调研结果，许多住户反映现有住宅存在厨房、卫生间品质不高、收纳不足和隔声较差等问题，为此，我们在设计套型时提出了以下针对性措施。

采用整体厨房，控制各厨房部品质量。对于没有独立厨房的套型（如一室户），我们在厨房与其他功能房间之间设置了专门的隔断帘，以防止油烟扩散。

采用整体卫浴，以提升卫生间品质。整体卫浴为工业化部品，有一系列较为固定的规格。为此，所有的卫生间均采用固定尺寸设计，并分为整体式、两式干湿分离和三式干湿分离三种类型，适用于不同面积大小的套型。

我们在所有套型中都预留了充足的收纳空间，避免出现收纳不足的问题。

套型内所有隔墙都设有隔声棉，尽可能地阻断噪声。

A1 套型（基础套型）
面积: 42m²
居住人数: 1 ~ 2

B1 套型（基础套型）
面积: 86m²
居住人数: 2 ~ 4

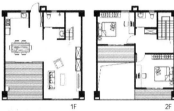

1F　　　2F

C2 套型（基础套型）
面积: 147m²
居住人数: 2 ~ 4

A1 套型变体（设计师之家）
面积: 42m²
居住人数: 1 ~ 2

B1 套型变体（庭院之家）
面积: 86m²
居住人数: 2 ~ 4

1F　　　2F

C2 套型变体（Loft）
面积: 107m²
居住人数: 2 ~ 4

A1 套型变体（弧形之家）
面积: 42m²
居住人数: 1 ~ 2

1F　　　2F

B1 套型变体（Loft）
面积: 84m²
居住人数: 2 ~ 4

1F　　　2F

C2 套型变体
面积: 108m²
居住人数: 2 ~ 4

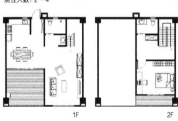

系统界面

创建住宅流程

1. 选择入住城市——2. 选择入住社区——3. 选择入住楼栋——4. 选择入住楼层单元格——5. 选择需要置入的套型

选择楼栋

选择套型

确认页面

3 E·HOUSE 系统

作为一个居住系统，E·HOUSE 具备了各种各样的功能模块来应对住户在居住过程中的不同需求，其中比较重要的功能模块有"创建住宅"、"空间变更"和"搬家服务"。同时，借助电脑、手机等终端设施，住户只需接入互联网，便能很方便地选择、改造住宅，而不需要去特意寻找中介、设计师和施工队。

3.1 创建住宅

该功能模块和 Airbnb、携程等酒店预订服务网站类似，它能让住户根据自己的需要选择自己想要入住的城市、社区、楼栋和入住时间。当然，它的功能并不仅限于此。

住户在选择完楼栋之后，需要再选择合适的楼层和单元格，一个单元格尺度为8400mm×4200mm。

接下来，住户便可以选择自己需要的套型来置入到单元格当中，这些套型既可以是系统自带的基础套型，也可以是其他住户分享的套型。

在选择完成后，系统会跳转到确认页面，该页面会告知住户费用明细、家具清单以及是否需要对套型进行更改。当住户确认后，住宅的套型会自动显示在"我的住宅"一栏中，住户可以从中查看住宅施工进程。

当需要对套型进行修改时，住户可以进入系统中的住宅设计界面，其设计参考了游戏《模拟人生》（Sims，由美国 EA 公司制作发行）的住宅创建模式。

在该界面中，居住单元会被 300mm×300mm 的网格划分，住户可以以该网格为基准设置墙体和门窗；在布置家具时，系统会在界面显示出床、橱柜等相关部品供住户选择，同时居住单元内的网格会切换到60mm×60mm 的规格，以方便住户确定家具在套型中的具体位置。

同时，考虑到大部分住户为非建筑学专

修改界面   修改完成   改造进度

修改套型流程

1. 选择住宅创建模式——2. 选择基础套型并修改——3. 进入套型修改系统——4. 完成套型修改——5. 套型确认

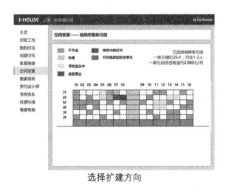

选择扩建方向   修改扩建套型   扩建确认

住宅扩建流程

1. 选择对住宅进行扩建或切割——2. 选择扩建所需的单元格——3. 选择需要扩建成的套型——4. 对所选套型进行修改——5. 修改完成

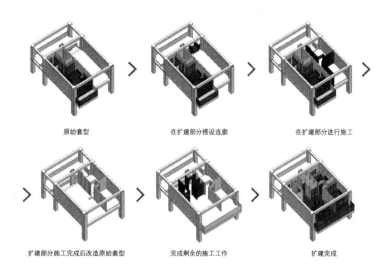

原始套型　　　　　　　　　　　　　在扩建部分搭设连廊　　　　　　　　　　　在扩建部分进行施工

扩建部分施工完成后改造原始套型　　　　完成剩余的施工工作　　　　　　　　　　扩建完成

业人士，我们在该界面中置入了碰撞测试系统，该系统可以自动检测出不合理的空间和家具布局，来帮助住户规避一些设计上的错误，使方案更为合理。

在该功能模块中，我们还置入了打分评价系统，住户在选择社区和套型时可以很直观地查看相关评分和评价。在入住后，住户也可以根据自己的体验来对社区和套型进行评价。

3.2 空间变更

随着居住人数和空间需求的变化，部分住户在入住一段时间后可能需要对住宅进行改造，此时住户可以通过"空间变更"模块来进行住宅改造。

首先，住户需要确定是要对住宅进行扩建还是分割、改造。

如果是分割或者布局的更改，通过系统的模拟，可以在原有布局的基础上尽量减少对于住宅的改动，同时满足住户的需求。

如果是扩建，住户需要选择一块相邻的空置的居住单元来作为扩建空间。然后，住户可以在系统选择扩建后套型，这一步骤和创建住宅类似。当改造方案确定下来之后，系统会给出改造所需的费用和时间。

在改造过程中，为了尽可能减少施工对住户居住的影响，与平台相对应的施工方会先进行扩建的部分的施工。在扩建部分的施工完毕后，再对原有住宅进行改造。这样，在施工期间，住户能尽可能长地在原有住宅中生活，减少住户因改造施工而在外居住的时间。

选择搬入城市

选择搬入社区

选择搬入楼栋

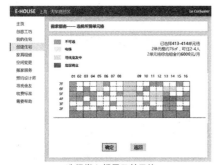

选择搬入楼层及单元格

选择套型置入模式

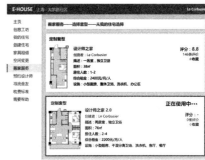

选择套型

住宅搬迁流程

1.选择搬家服务——2.选择搬入城市——3.选择搬入社区——4.选择搬入楼栋——5.选择搬入楼层及单元格——6.选择套型置入模式——7.选择套型——8.确认套型——9.预约搬家完成

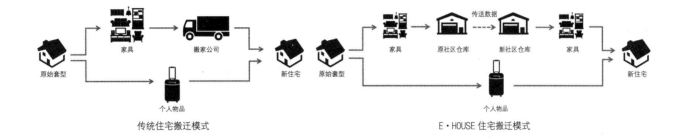

传统住宅搬迁模式　　　　　　　　　　　　　　　　　　E·HOUSE 住宅搬迁模式

3.3　搬家服务

当住户因为工作变更等原因需要搬到其他地方居住时，"搬家服务"这一功能模块可以很方便帮助住户进行搬家。当然，"搬家服务"的服务范围只限于采用了 E·HOUSE 系统和相应标准的社区和住宅。

在目前一般的搬家过程中，住户有时候需要将原有住宅中的大型家具搬到新的住处，这时住户往往需要花费一定的金钱和时间来联系搬家公司帮忙搬运。此外，如果住户偏好原有住宅的空间布局，也很难应用到新住处中。

对于使用 E·HOUSE 系统的住户来说，搬家过程可以大大简化。

首先，和"创建住宅"的步骤类似，住户先选择要搬入的城市、社区、楼栋和搬入时间，然后再选择相应的楼层和居住单元。

接下来，住户可以选择将原先住宅的套型布局和家具布置应用到新的居住单元中，而不需要重新设计或从列表中选择。

以上步骤完成后，住户只需要携带自己的私人物品在预定时间前往新住宅即可。所有的家具部品和其布置都会转换成数据的形式上传到服务器再传送到新的社区中，参照这些数据，运营方可以在新的居住单元中进行相应的施工布置。

原有住宅中的家具部品则会被运营方回收，存储在社区的库房中。

简而言之，在 E·HOUSE 系统中，住宅大部分信息都可以被数据化，当住户需要搬家时，可以通过数据的迁移来替代物质的迁移。比如住宅的空间布局、家具布置可以转换成图纸或清单的模式传送到服务器再传送到其他社区和住宅。

这样，便不需要特意地去运输相应部品，减少了搬运时间和成本。依靠这种搬迁模式，住户可以在保持原有住宅格局不变的情况下，自由地变换居住地点。同时，将住宅数据化可以大大地节省社会资源和能源，是一种可持续的新的居住方式。

系统后台功能

个人　　套型　　服务器

所需各类部品清单

室内墙体门窗部品安装布置图

室内管线布置图

室内开关、插座及照明布置图

家具布置图

施工流程图

工厂　　仓库

工人

住宅

3.4　其他功能

除了以上三种主要功能外，E·HOUSE 系统还能为住户提供其他各式服务。

创意工坊：

当住户定制完自己的个性化住宅后，可通过创意工坊将住宅套型分享给其他住户。其他住户在创建住宅时也能从创意工坊中选择不同住户分享的套型，并可以对这些套型进行打分和评价。

家具租借：在基础套型中，我们会为住户提供一些基本的家具，如床、衣柜、书桌等。当住户需要额外的家具时，可以通过"家具租借"这一功能来进行租借，而不需要额外购置家具。

预约设计师：对于一些非建筑学专业的住户，当他们创建自己的个性化住宅时，可以寻求专业设计师的帮助。

寻找舍友：对于一些希望合租的住户，他们可以通过"寻找舍友"这一功能来寻找一起合租的舍友。对于那些住宅中有闲置卧室的住户，也可以通过该功能来寻找舍友，共同负担房租。在寻找舍友的过程中，住户可以列出自身的年龄、职业、生活习惯等信息，也可以提出舍友需要满足的条件，如性别、作息时间等。

3.5　后台服务

上文提到的这些功能都是面向住户的，在 E·HOUSE 系统中，还有一个面向运营方、施工方和部品生产商的后台系统，该系统的功能是将住户的需求以特定的形式发送给不同的部分。比如，当某位住户在提交完创建住宅的申请后，后台系统会根据住户的套型自动生成所需各类部品清单、套型平面图、管线布置图、开关灯具布置图、家具布置图等，其中部品清单会发送给部品生产商，套型平面图等相应图纸会发送给施工方。当所需的部品生产完成后会被运送到施工现场，然后施工方再开始施工。

除此之外，运营方还可以通过后台系统来对住户的居住习惯和居住满意度等数据进

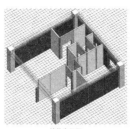

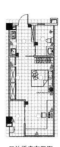

墙体布置图　　　　　　　管线布置图　　　　　　开关插座布置图　　　　　家具定位图

部品门类	型号	数量
结构部品	预制装配式阳台 BA011	1
	预制钢柱 S021	3
	预制钢梁 S122	3
	预制楼板 F011	15
墙体门窗部品	预制墙板 W121	5
	预制墙板 W324	5
	连接柱 C022	6
	门 D035	1
	门 D232	1
	窗 W356×2	2
家具部品	床 BE211	1
	床 BE211	1
	椅 CH554	1
	冰箱 SM586	1
家居用品	床垫 IKEA 588	1
	MUJI369	1

注：以上部品型号为拟定

行收集分析，以发现现有社区和住宅中的优缺点，为以后的改进工作提供依据。当然，以上这些工作都是在保证住户隐私的前提下进行的。

正如我们最初提出的概念，E·HOUSE 系统能将住宅的设计、建造与维护整合在一起，使得设计师、施工方和物业部门能更有效地进行反馈沟通，同时也降低了住户改造住宅的门槛。

更重要的是，E·HOUSE 系统能作为一开放建筑理论的窗口，使得住户能够很直观地设计自身的居住空间，并能让不同的住户在同一平台上相互交流分享。

此外，E·HOUSE 系统本身也代表着一种居住标准，该标准可以应用在不同的地域、不同的城市以及不同形式的建筑中，就如同计算机的操作系统一样。建筑可以采用各种各样的形式，住户则可以通过该系统来解决自己在不同城市中的居住问题，也可以轻松地在 E·HOUSE 系统内的社区之间自由搬迁。

4 结语

　　新的技术总会随着时间的推移不断涌现，互联网作为 21 世纪最热门的新兴技术之一，为许多传统行业带来了新的可能。在本次设计中，我们将互联网技术同开放建筑理论进行结合，来解决青年群体的居住问题，用互联网的手段来简化居住和施工流程，用开放建筑理论来解决目标群体多样化的需求。

　　通过这次设计，我们也重新审视了普通人与住宅间的关系。在当今的国内住宅体系中，住户往往只能选择套型固定的商品房，很难按照自身的意愿来决定住宅的套型，最多只能通过后期的装修来进行小规模的改造，这便使得住户在居住过程中成了被动的一方。作为住宅主要使用者的住户却很难参与到住宅的具体设计中，这种局面让很多住宅难以满足住户的真正需求。而借助 E·HOUSE 系统，住户能真正地参与到住宅的设计过程中，并在居住的过程中持续地对住宅进行改造。这样，住宅就成了住户自己的"产品"，而不仅仅由建筑师和开发商来进行主导。

多核生长

自然界最令人着迷一点，就在于它不断地变化生长。按照马克思主义哲学的说法，任何事物时刻都处于运动当中。物质依靠永恒的运动、复杂的联系，构成了多变的世界。如离散的星体、奔腾的河流、更替的季节、熙攘的人群。即便是看似不变的物体，如坚固的石头、无垠的冰川，其内部也有一个以变化为逻辑的核心，世界上没有完全相同的两个物体。变化是自然不变的永恒。

　　居住空间作为人类改造自然空间的直接尝试，一方面在形态与功能中充斥着人类意志的影响，另一方面缺少一种自然感——变化生长。经由数万年的发展，旧模式下的住宅似乎已经走到了尽头，而新的人居矛盾又在不断产生。如何寻找解决居住问题的答案，就让我们回到自然当中探讨。

经典建筑体系下，人的工作、学习、游历、居住行为分别要通过四个独立建筑来完成
（图片从左至右分别为：西格拉姆大厦、克朗楼、新柏林美术馆、范斯沃斯住宅）

1 一个关于生长的构想

1.1 建筑与生命

建筑作为人类改造自然以来最早的造物成果之一，一直扮演着凝固与稳定的角色，"风雨不动安如山"，就是对其最朴素的描述。而随着对自然研究的逐渐深入，越来越多的思想与观点正在逐步推翻早先的认知，如波粒二象性、量子纠缠态等等，物质的多变表达与潜在的普遍联系正在侵蚀着每一个学科的既有领域。

建筑的变革也随着这次大潮而展开，由古典建筑中如雕塑一般的表达，演进到现代建筑中对内在规律的解读。建筑不再是"建筑"，它更像一个生命体，褪去凝固不变的外壳，在内部开始氤氲生命的微光。

在思考的最开始，我们回到建筑与使用者的原初。生命作为自然界中最"高等"的可变体，原因除了其本身附带意识这一点之外，更重要的是意识与形态间变化的铆合与游离，即通过生长行为来满足自我需求以及反馈外界变化。

在一个人的生命区间中，会发生各种各样的行为，而与行为产生直接关系的建筑，则显得过于凝固。我们不禁发问：能否让建筑如具有生命一般，追随着使用者的意志，发生"自发"的变化？

尤其是在居住建筑这一与人居环境最为直接相关的领域中，"家"贯穿着整个人的一生，"房屋"却与人的生长过于分离。人与房屋的关系，像两个独立的事物被不情愿地捆绑在一起。

这必然会带来一系列的居住问题，也是住宅不能满足居住者需求的本质问题所在。

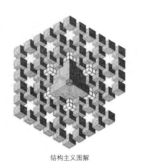

结构主义图解

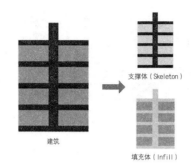

建筑

支撑体（Skeleton）

填充体（Infill）

未来的建筑，必定是要向着开放多变而进化的，为此，我们进行了理论研究，并在开放建筑理论中找到了这条道路。

1.2 开放建筑理论与生长

结构主义建筑师在建筑设计中强调建筑的内在逻辑与生成规律，带来一种多变而开放的结果。具体表现为建筑外形的多样形态下，构成元素之间统一的逻辑关系。其主要理论内涵可以简述为四个方面：

首先是生长性，即整个建筑是一个动态发展的系统，可以无限地生长繁殖；

其次是强调与人的行为交互性——建筑空间与人的行为产生关系；

再次为单元性，作为最直观的形态表述；

最后就是"功能转换"，表现为建筑功能的不定性，空间摆脱了单一功能的模式。

1960 年代，哈布瑞肯提出支撑体住宅理论，并成立了 SAR（Stiching Architect Research）研究会，将住宅建筑分为支撑体与可变体，两个部分分开设计和建造，以结构主义的方式寻求住宅清晰的连接规律与多变建筑形态下的统一，结合了工业化技术，提出并发展了开放建筑理论体系。

工业生产中的单元化、模数化特性与结构主义对建筑的构想不谋而合。因此我们可以从开放建筑理论中得到启发，采用建筑工业化的途径，建立新型建筑模式，实现建筑的动态生长。

1.3 前期调研

为了着手在现实领域内探索问题，寻找理论与现实的结合点开展研究，我们进行了实地调研和资料收集。

按照定位，我们决定在大学路创智坊住区展开调研。因为其"工作生活一体化知识型社区"与"多样的人口组成"的特点，恰巧对应我们对住宅生长开放多变的构想。调查方式为收集、体验周边环境信息并进行采访。调研小组收集并整理了大量影像资料，采集了各类住户反馈信息，结合周边环境的游目体验，以及非定居人群对场地的认知，

居民对于现有住宅最不满意的地方

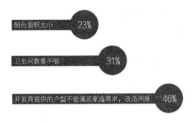

- 阳台面积太小 23%
- 卫生间数量不够 31%
- 开发商提供的户型不能满足家庭需求,改造困难 46%

结论:我们需要更多的自由改造空间

居民对于现有商业最不满意的地方

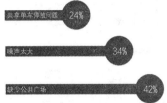

- 共享单车停放问题 24%
- 噪声太大 34%
- 缺少公共广场 42%

结论:我们需要更多的自由活动空间

发现了如下三点主要问题。

首先,即便是处于较为高档的新型社区当中,住户对住房功能仍有不满。其中最不满意的点主要为传统建筑模式下开放性的欠缺,表现为套内的房间功能难以满足他们动态的家庭需求:因为他们的家庭是不断成长的,人员构成、生活方式是不断变化的,所以其对住房功能需求也在不断变化。如家庭成员的增加带来了对房间布局重新划分的需求,但是由于传统的固定式建筑带来的高额改造成本,大部分住户在这一点上望而却步,影响了居住体验。个人爱好等行为引发的对空间形态的需求,也只能选择小修小补的方式。由此看来,传统住房功能太过于固定,住户需要自由改造居住空间的可能性。

其次,建筑外部环境缺少活动空间,建筑形态无法对行为产生积极引导。从现状调研的结果来看,整个社区太拥挤了,没法满足最基本的游憩需求。社区的人员活动集中于大学路中,受制于两侧空间容量的不足,人群的行为以在线性空间中的路径式行走为主,停留式游憩活动较少。而场地内的围合式内部庭院由于内向封闭、环境维护较差,难以吸引住户,这与其在设计阶段的功能定位背道而驰。

最后,对施工质量的评价不高。因为目前采用的住宅建造模式沿袭了传统的半手工半工业化的方法,建筑的完成度和质量与施工人员的操作熟练程度息息相关,品质较差且非常不稳定。从这方面也可以看出推行工业化建造方法的必要性。

1.4 设计概念探讨

鉴于调研的结果,结合开放建筑理论,我们设想了一种全生命周期的生长住宅模式,来解决面临的现实矛盾。

整个概念内容分为三个层级:住宅——建筑单体——场地。

在住宅层级下,我们尝试通过时间与空间两条线索来应对问题。时间线上,住宅需要满足在不同的时间点中,住户对住房产生

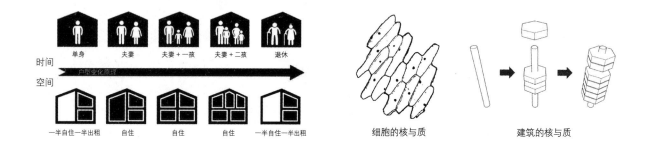

時間

空間

户型变化原理

| 单身 | 夫妻 | 夫妻+一孩 | 夫妻+二孩 | 退休 |

一半自住一半出租　　自住　　　　自住　　　　自住　　　一半自住一半出租

细胞的核与质　　　　　　　　　建筑的核与质

的不同需求；空间线上，住宅内部房间形态自由可变，在同一时间下产生个性化的变化，如可以产生一半出租一半自住、小房间变成大房间等多种空间划分模式。

建筑单体采取放射状形态，这种形式为生长提供了可能性。传统的住宅建造将"服务空间"与"被服务空间"平行布置，建筑只能在进深方向与高度方向上生长；住宅单体只有单个外表面，使得生长的同时带来了原有房间环境的恶化。

我们采取了点式的放射状形态，借鉴了自然界中细胞的形态模式，将建筑体分为"核"与"质"："核"是建筑中的不变体，置于建筑体量的中间，主要为结构主体，以及公共设备空间等不可变元素；"质"为建筑中的可变体，构成与容纳建筑的主要使用内容，环绕核进行放射状生长。放射状形态使建筑生长方向增多，呈现出立体生长的效果，同时扩大了住宅的外接触面。

场地采取均质布置原则，适当弱化建筑

的形式，建立一个通用布置模式，摆脱场地的特殊性对于建筑的制约。我们消解了整个建筑的形式中心，塑造室外空间的自由形态，强化随机自然形态下对于人行为可能性的引导，力图使空间适应各种行为需求，这样建筑能够更加适应不同的环境，根据现实条件进行变化，实现通用体系并加以广泛推广。

同时我们对研究和设计的结果提出三个关键词作为目标：

第一个为"个性化"，每个住户对住宅都有独特的想法，我们希望尽量能多方位地满足每个人对于住宅的多样需求。

第二个为"社会性"，在行为内容方面既关注物质设计，也关注精神环境塑造；在行为联系方面，关注行为与邻里关系、整个社区、城市环境的关系。

第三个为"大数据"，将信息收集反作用于建筑设计行为中，住户能参与设计，不再是建筑师单方面的指令型设计，而是能够以自下而上的方式进行结果生成。

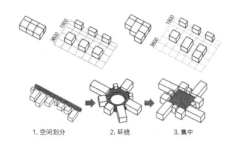 

1. 空间划分　　2. 环绕　　3. 集中

2　生长模型的推演

按照三个层级的原则，我们展开了具体的场地、建筑和居住单元设计。

2.1　居住单元

第一步按照前文中"核"、"质"模型的设想，确定居住单元与公共体的组织关系。首先生成公共空间串联的户型原始形态，再把交通空间集中在核心位置，将居住单元围绕在四周。这样使每个居住单元拥有更大的对外接触面。

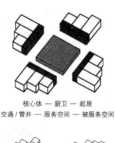

核心体 — 厨卫 — 起居
交通／管井 — 服务空间 — 被服务空间

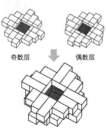

奇数层　　偶数层

第二步，我们按照模数化的原则进行居住单元的尺度确定。考虑到居住的舒适度和标准化的要求，单元空间被划分成两种，一种是 3.6m×3.6m×3.6m 的单元，另一种是 3.6m×1.8m×3.6m 半单元。半单元里面我们放置厨房、卫生间等服务空间，而单元作为我们的起居房间。因为某些房间形式需要更大的空间，如客厅和阳台，或者是客厅和餐厅的组合形式，所以我们在进行优化演算以后，为每个户型配置了 1.5 个单元与两个单元的组合型房间。

结合先前的环绕式空间组织方式，最后生成风车型的标准层形式。每个标准层平面由内到外分为三个层次：中心是我们的核心体，在核心体内部布置交通以及设备空间；在核心体外侧布置住宅内的服务空间，如厨房、卫生间等"走水房间"以及玄关、储藏等空间；最外围为生活起居空间，这是居住空间内向与外向生长的主要部分，可以在内部实现空间布局的改造，也允许向外的拓展延伸。

2.2　建筑单体

通过之前的调研我们发现，无论是板式还是塔式住宅，住宅的建筑单体形态和功能较为相似，但不同家庭对空间居住空间的需求是不一样的，机械的"给予式"空间设计并没有针对个别家庭的需求做出弹性处理。为了使住宅更为多样，我们采取了一个策略，将标准层进行一个镜像的形态处理，继而将两种平面按 AB 进行类型划分，再把它们进行竖向间隔叠加。此时在两者起居空间叠加的

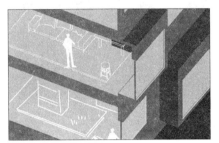

阳台变化1——室内空间

阳台变化2——景观空间

阳台变化3——生活阳台

位置,上下形态的错动产生了外围的平台区域。在这个平台上我们既可以布置设备,又可以作为景观平台,同时最重要的是作为一个房间扩展的区域。

通过核心体串联每一个标准层,实现在垂直维度的住宅叠加。我们可以使用组装型构件来制造主体结构,使得住宅能够根据需要进行加建,从而实现建筑在水平、垂直方向的空间延伸和共同生长。

2.3 场地设计

公共空间的塑造依赖于底部商业空间的全新设计。根据之前调研结果,为了满足居民对于公共活动空间的需求,以及出于安全性、私密性的考虑,我们构思了一套上下分层的庭院模式。

首层商业按住宅平面的设计逻辑进行分层——在中心布置大型商场,商场内部布置室外庭院。之后在商场外围布置自由商业组团,每个组团由几个独立小单元商业组成,组团间形成开放式活动广场。二层由

7.2m×7.2m为基本单元和主体结构组成。每个单元体上下错动,这样就形成了具有自然随机感的空中花园形态。这就形成了首层开放式空间,二层非开放性庭院的模式。而在开放与私密之间,设置了中央庭院,使其产生了视线交流,较好地呈现了早期关于庭院构成的设想。

根据总平面中建筑单体的日照需求,将住宅部分嵌入到底部的商业部分,建筑形态与生长概念相结合。由于其均质的特性,住宅体只需"侵蚀"商业体的局部单元即可实现其自由布置。建筑由基本单元形态组成,主体框架和可变单元彻底分离,两者相互独立的同时,却有着清晰的联系。

由于本设计追求的并非是特定的形式和一成不变的布局,而是一种设计方式,所以其可推广的特性也是我们希望追求的目标。我们进行了这一模型的推广的模拟,不同地域的建筑亦可以根据地块条件和当地的需求,用这种方式进行建造。

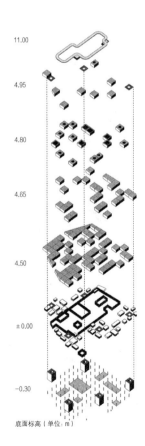

11.00

4.95

4.80

4.65

4.50

±0.00

-0.30

底面标高(单位:m)

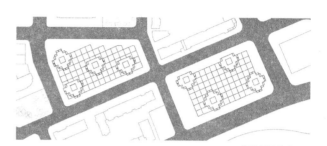

其他场地的应用

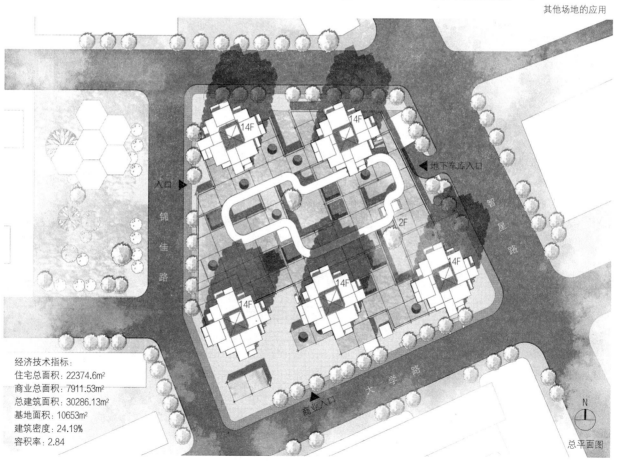

入口 ▶

锦佳路

▶地下车库入口

智星路

2F

14F

14F

14F

14F

14F

经济技术指标:
住宅总面积: 22374.6m²
商业总面积: 7911.53m²
总建筑面积: 30286.13m²
基地面积: 10653m²
建筑密度: 24.19%
容积率: 2.84

大学路

▶商业入口

N

总平面图

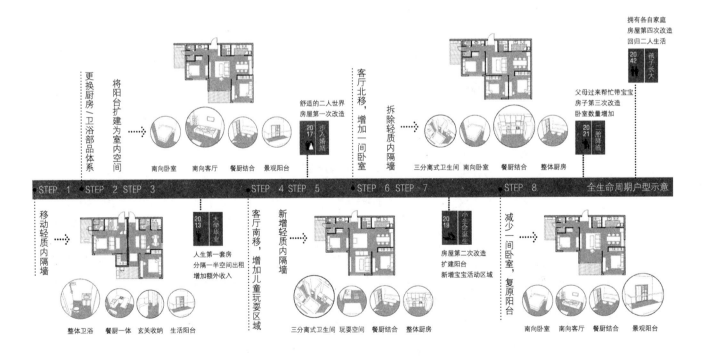

更换厨房／卫浴部品体系

将阳台扩建为室内空间

舒适的二人世界
房屋第一次改造

客厅北移，
增加一间卧室

拆除轻质内隔墙

父母过来帮忙带宝宝
房子第三次改造
卧室数量增加

拥有各自家庭
房屋第四次改造
回归二人生活

20 17 步入婚姻

20 21 二胎降临

20 42 孩子长大

南向卧室　南向客厅　餐厨结合　景观阳台

三分离式卫生间　南向卧室　餐厨结合　整体厨房

STEP 1　STEP 2　STEP 3　　　　　STEP 4　STEP 5　　　　STEP 6　STEP 7　　　　STEP 8　　　全生命周期户型示意

移动轻质内隔墙

20 13 大学毕业

人生第一套房
分隔一半空间出租
增加额外收入

客厅南移，
新增轻质内隔墙

20 19 小生命诞生

房屋第二次改造
扩建阳台
新增宝宝活动区域

减少一间卧室，
复原阳台

整体卫浴　餐厨一体　玄关收纳　生活阳台

三分离式卫生间　玩耍空间　餐厨结合　整体厨房

南向卧室　南向客厅　餐厨结合　景观阳台

3 多核生长的工业化实现

3.1 户型灵活性设计

为了使住宅能够满足住户的不同的、变化的需求，我们进行了一系列的设计模拟，经过研究，为了满足灵活性的要求，使内装模块可以和主体结构互相协调，我们选用的主体框架结构为7200mm×7200mm，公共空间的结构框架尺寸为7200mm×5400mm，在此基础上，进行了一系列可变空间的探讨。

首先，为了符合"多核生长"的概念，住宅户内需要能够满足居民全生命周期内的需求。为此，我们通过全生命周期的设想进行了模拟。

我们设想了一户典型家庭的家庭生命周期变化：

住户大学刚毕业，需要人生阶段的第一套房，这个时候我们就将标准户型一分为二，较小的户型可以满足满足基本的居住功能，厨房和卫生间是非常集约化的，使空间得到最大化利用；

当步入婚姻的时候，家庭成员增长，为

此阶段的家庭设计的户型为两室一厅，同时在这个空间里面设计了一个三分离的卫生间、系统的收纳空间，并提供了一个整体厨房；

当小孩诞生的时候，我们将阳台改造成室内空间，设置了一个供儿童活动的区域。家庭成员可能进一步增加，如第二个孩子诞生的时候，双方父母可能会过来帮忙带小孩，这时我们就将客厅的面积减少，改造出一间卧室；

最后孩子长大，拥有各自家庭的时候，整个家庭回归二人世界，户型也还原成最初的两室一厅。

其次，户型的灵活可变性不仅包括户型内部针对使用者不同的生理阶段的需求做出不同的空间和功能变化，还包括了户型的生长，即可以根据住户的实际需求而在特定阶段改变户型面积的大小。

住宅的户型按照面积分为 $30m^2 \sim 50m^2$、$50m^2 \sim 70m^2$、$70m^2 \sim 90m^2$ 三个范围，按照不

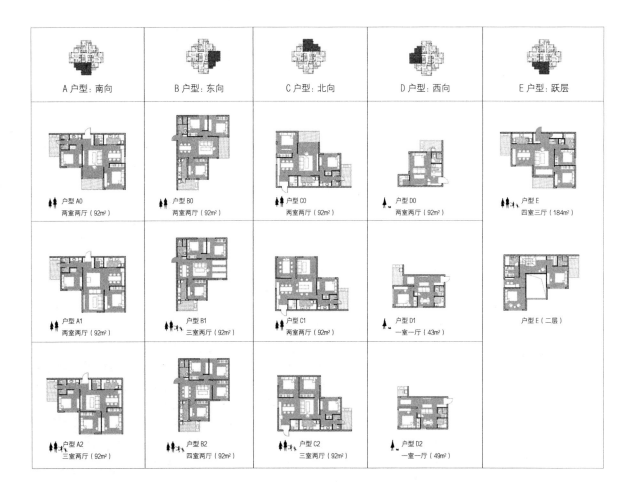

A 户型：南向	B 户型：东向	C 户型：北向	D 户型：西向	E 户型：跃层
户型 A0 两室两厅（92m²）	户型 B0 两室两厅（92m²）	户型 C0 两室两厅（92m²）	户型 D0 两室两厅（92m²）	户型 E 四室三厅（184m²）
户型 A1 两室两厅（92m²）	户型 B1 三室两厅（92m²）	户型 C1 两室两厅（92m²）	户型 D1 一室一厅（43m²）	户型 E（二层）
户型 A2 三室两厅（92m²）	户型 B2 四室两厅（92m²）	户型 C2 三室两厅（92m²）	户型 D2 一室一厅（49m²）	

同的住宅空间布置又可以分为同层和跃层户型，从而可以让用户在后期进行内部和外部调整，持续适应使用人群的动态需求。

除了以上的户型设置，我们还设想了多种可能性，并进行了相应的户型设计，不仅包含平层户型，还有跃层户型。

值得一提的就是对户型朝向的思考，点式住宅不可避免会出现北向房间。我们为此提出了两个解决思路：首先建筑并不正南北放置，可进行一定角度的变化以满足现行的住宅日照标准；其次，未来的城市不断向高密度的方向发展，所以在将来用地紧张的情况下，生活习惯和建设模式也可能会发生改变，甚至会有转变成办公、商业空间的可能性。

3.2 操作模式

在设想了多种可能性后，我们从操作层面上进行考虑，"生长"体现在两个方面，单元的生长与户型的生长。前者主要表现在面积的扩张与缩减，而后者则在户内面积不变

的情况下，通过调整户内隔墙和家具布置的适应住户需求的演变。

我们设计了一个基本支撑体空间单元组合，长宽高为 7200mm×3600mm×3300mm，首先让住户选择所需的单元个数，用户可以选择水平相邻的也可以是垂直相邻的单元，作为住户的居住空间。在选定单元后，住户可一次建完，亦可按需建造，留出一部分今后有需要时再去加建。当出现开始购入的单元数不足，不能满足后续发展的情况时，住户可通过购入隔壁空余单元，或者将自宅拆解成模块构件，并将其整体运到类似的可变住宅中重新装配。

3.3 技术与实现

为了满足以上的需求，我们需要采用工业化的设计和建造手段，采用工业化部品工厂生产、现场装配的方式，提高效率、保证质量，并在未来的维护和改造中获得更大的灵活性。

设计采取结构体系和内装系统分离的方

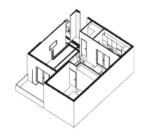

强弱电管线位置

地暖系统示意

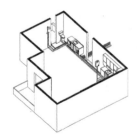

给排水管线位置

恒温换气系统与排烟系统示意

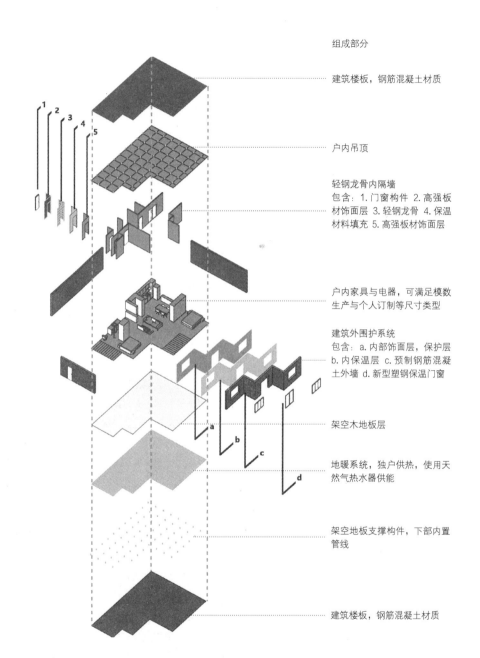

组成部分

建筑楼板，钢筋混凝土材质

户内吊顶

轻钢龙骨内隔墙
包含：1.门窗构件 2.高强板
材饰面层 3.轻钢龙骨 4.保温
材料填充 5.高强板材饰面层

户内家具与电器，可满足模数
生产与个人订制等尺寸类型

建筑外围护系统
包含：a.内部饰面层，保护层
b.内保温层 c.预制钢筋混凝
土外墙 d.新型塑钢保温门窗

架空木地板层

地暖系统，独户供热，使用天
然气热水器供能

架空地板支撑构件，下部内置
管线

建筑楼板，钢筋混凝土材质

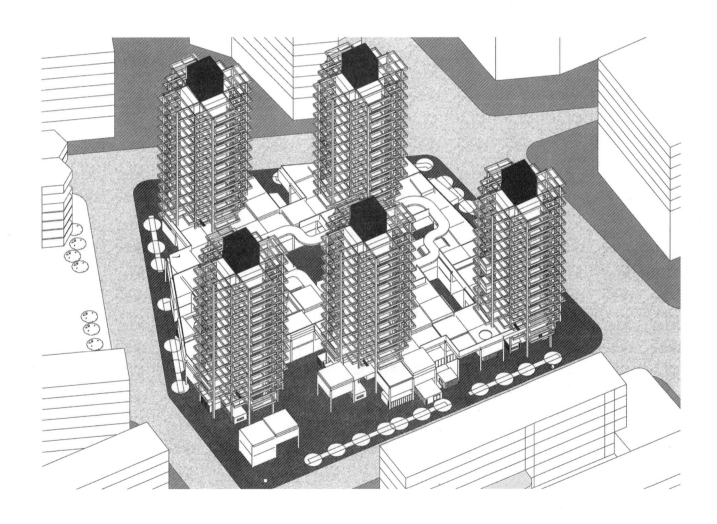

式，内装体系采用反梁设计、架空地板、整体卫浴、轻钢隔墙、管线分离、新风系统、智能家具以及系统收纳等。

对于住宅的围护结构，我们使用了钢筋混凝土预制外墙板，内设保温层与防护层，采用墙体外挂的技术。

我们采取室内反梁设计，地板与楼板之间留了架空层，可以在架空层中自由铺设管道，同时余下的空间还可以当作储藏空间来使用。而内墙就采取轻钢龙骨隔墙，内填保温吸声材料，并可以布置管线。然后在顶部，我们采用轻钢吊顶，将空调管道、新风系统、照明系统等布置其中，便于后期的维护和改造，以及住宅的加建。

设备布置逻辑核心就是每栋建筑起始于一个核心筒，作为我们公共设备的主要部分，向四周逐渐延伸至户内的服务空间，再到起居空间，形成核心体－设备空间－起居空间的三级顺序。同时将建筑外围的弹性空间的一部分作为设备空间，布置外挂设备如空调外机，太阳能集热器等。

3.4 施工顺序

受益于建筑工业化技术，在结合了开放建筑理论的构想后，我们的设计中建筑结构和内装系统分离，在施工时先建造核心筒和主体结构，这样，住宅的公共交通空间和公共管线也可以一起进行建造。

结构完成之后，把我们需要的户型装配进去。这个装配并不是整个户型的整体吊装，而是各个预制部件在框架下的安装，确定完外墙的范围后，再把内装部品布置到每一个居住单元中。

在此基础上，我们进行了进一步的大胆的设想，在特殊的结构部品的支持下，住宅不仅可以获得内装的改造和加建，也能按照社区的需求，实现建筑竖直方向的层数生长，这样，建筑永远处于动态变化中，能更大程度地满足住户的动态需求，形成丰富的城市景观。

1. 将核心筒与周边柱子确定
位置，并配好钢筋骨架

2. 确定每层主梁的位置，
并配好钢筋骨架

3. 建设完成外部骨架
支撑体

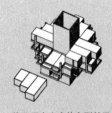

4. 将工厂中生产的户型单元
装配至已建成的框架中

5. 通过上下形体间的错动形
成平台

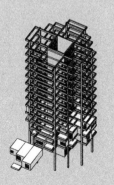
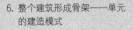

6. 整个建筑形成骨架——单元
的建造模式

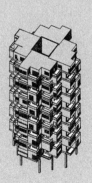

7. 建成后的建筑，利用工业化建
造模式与形体设计形成独特的开
放空间，便于未来的改建、扩建

4 结语

　　我们将此次设计命名为多核生长，何为多核？如果将每个居住单元比作细胞，这些"细胞"可以生长、可以组合，从而处于不同的发展变化中，在本设计中，居住单元核构成了建筑的住宅，底层的商业单元起伏错动，可以不断地生长、发展。

　　从设计逻辑方面，"多核"是指代着三个层次中的设计原则。第一层是指居住单元层面的工业化设计；第二个是建筑在组合层级上的工业化，即对单元之间连接采取一个工业化的方法。第三个是我们的设计思维的创新，我们要摆脱传统的设计思路，在建筑设计中采取归纳演绎的设计方法，强调设计的逻辑性而非一个"确定"的结果。即使建筑外形再怎么复杂多变，但是其内在的设计思维逻辑是非常清楚的，在变化中寻找永恒。

W&L 户型融合

随着中国高速城市化发展的进程，越来越多的年轻人涌向了北上广深等特大城市。他们怀揣梦想，对自身居住条件和职业规划有一定要求，在他们之中，自由职业者占据了一定的比例，使得工作和居住一体的生活方式逐渐兴起，并且职业分类也越来越多。

我们把目光集中在了城市中的这一部分群体，自由职业者的住宅既要满足居住需求，又要考虑工作的情况，既要考虑个性化，又要满足品质要求，那么作为建筑师，应该如何为其提供适应性的住宅呢？

本设计以上海市杨浦区创智坊地块为背景，从基地调查出发，以青年人中的自由职业者为出发点，希望通过设计的方式为其生活提供一定的便利，吸取开放建筑理论中的变化性和多样可能性，将自由职业者的生活特性与工作需求联系在一起，探讨适合这一青年人群的新型租住模式。

1 前期调查和研究

1.1 网络背景下的设计初衷

互联网时代，购物与聊天、网络游戏与直播、网络设计与自营工作室以及网络自媒体……这些互联网带来的新鲜事物对青年群体的生活方式有着潜移默化的影响。

而在青年群体中，自由职业者无疑是最为追求自由的一个群体，他们喜欢有品位的生活，提倡个性化的生活方式，他们把工作场所也搬到了家里，通过社交软件进行交友，通过网络新闻了解与外界的联系，通过网购和外卖解决衣食问题，通过 app 来预订房间和上门清洁。城市中这一类青年群体，我们希望针对他们的生活方式而设计。

本方案题目为"W&L融合住宅""W"指代"working"，L 指代"living"，目的就是为工作和生活在同一空间下的人设计一种空间形式和功能布置可融合的家。

"W&L融合住宅"考虑了时间的维度，利用开放建筑的灵活变化理念，住宅可融也可分，为住户的改造提供极大的自由度，力图为青年人提供一种个性化的设计尝试。

1.2 基地概况

创智坊是一个开放性的商业居住创业社区，为居住、工作、休闲在这里的年轻创业者提供了自由发展的区域，同时也是 SOHO 模式在上海发展的新尝试。

我们选取的地块位于创智坊的东南角靠近地铁站的位置，北侧临近人流量较大的大学路，晚间商业活动丰富，西侧有一片公共活动绿地，该场地的附近有创智天地和高校区，带来了年轻化的氛围，在区域场所活力上有一定的联系性，也让它成为吸引人才聚集的有利场所。

1.3 自由职业者

在创智坊的走访过程中，我们了解到创智坊从事自由职业的住户中，有部分人群从事脑力活动，如自媒体者，无固定工作时间和工作地点；也有部分人群进行创业，建立属于自己的小型公司，自己为自己工作；还有部分居住者从事临时工作，可随时根据自

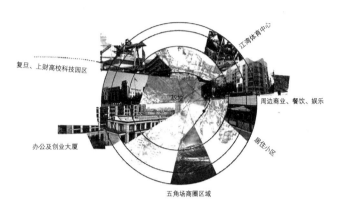

复旦、上财高校科技园区

江湾体育中心

基地

周边商业、餐饮、娱乐

办公及创业大厦

居住小区

五角场商圈区域

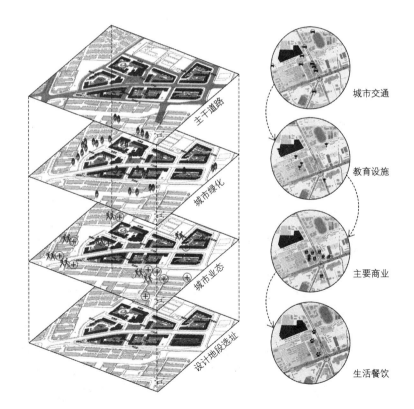

主干道路

城市绿化

城市业态

设计地段选址

城市交通

教育设施

主要商业

生活餐饮

自由职业者认为其职业的弊端

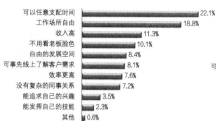

想成为自由职业者的原因

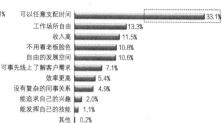

自由职业者认为其职业的好处

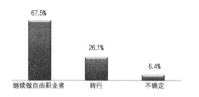

2016年自由职业者对未来的规划

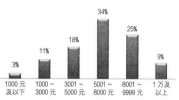

自由职业者的个人税前月收入分布

18～25岁人群是否想成为自由职业者

己喜好变换工作内容。以上几类人群与有固定工作单位、长期固定从事某种职业的人群来说，其工作内容具有自由化和灵活化的特点，我们将其称之为自由职业者。

我们首先希望了解这类创业人群的观念与需求，以期通过设计手法改善他们的工作和生活环境，设计适合的住宅形式，为此，我们进行了两次问卷调研。

在第一次的问卷调查中，我们发现约一半住户希望增加活动空间，超过70%住户希望室内空间灵活可变，对户内隔墙、门窗改动的需求很大。我们初步确定需要探讨住宅的适应性来帮助住户实现住宅的灵活可变性，同时，决定采用工业化的建造方式和技术手段，为住宅带来更有利的变化。

在此基础上，我们希望进一步从住户心

理需求探索空间可变的原因，所以进行了第二次问卷调研。本次调研总户数为110户，其中自由职业者为38户，在这之中，有效样本数为35户。我们对自由职业者在工作和生活的各个方面进行了调查，涉及居住状况、工作效率、人员流动及心理感受，调研结果有如下几点：

· 自由职业者渴望提高工作效率

98%的自由职业者认为，上班的工作效率有限。据反映，其中的一个重要原因为，刚入沪或者已在沪的自由职业者，为节省居住开支与生活成本，居住地和工作地距离较远，每天浪费在路上的时间比重大。他们希望通过在自宅工作的方式，减少通勤时间，同时在家的工作时间也可以自由分配，提高工作效率。

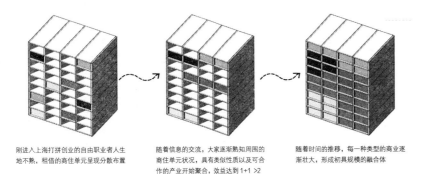

刚进入上海打拼创业的自由职业者人生　　随着信息的交流，大家逐渐熟知周围的　　随着时间的推移，每一种类型的商业逐
地不熟，租借的商住单元呈现分散布置　　商住单元状况，具有类似性质以及可合　　渐壮大，形成初具规模的融合体
　　　　　　　　　　　　　　　　　　　作的产业开始聚合，效益达到 1+1 >2

· 自由职业者渴望提高工作自由度

33% 的人认为自由职业者的生活方式可以比上班获得更多的自由时间，在空间自由、情绪自由、社交自由，财务自由方面能得到较大提升。

采访时他们表示："上班时需要强颜欢笑，忍住自我情绪，消耗在领导、同事间的人事关系确实很烦人。"而在家工作可以解决此类问题。

· 自由职业者收入及生活满意度差

对于经济方面，12% 自由职业者认为现在的收入可以满足基本生活，6% 的人认为可以过上比较舒适的生活，1% 的人认为可以解决车房这种大额支出，81% 的人认为，不能满足基本的生活需求。大多数人的经济能力有限，希望住宅能够更为紧凑，但同时可以保证生活质量。

· 自由职业者工作环境和归属感差

在调查中，自由职业者的工作和居住规模较小，存在方式以个体或合伙人经营为主，其居住和工作环境较为拥挤，难以产生工作归属感。在有限空间内工作，与外界交流有限，时间久后会产生疏离感，感觉自己被排除在社会之外，所以其社会交往空间的设计需要着重考虑。

· 自由职业者的流动性大

据调查，39% 的人从事自由职业的时间少于三个月，19% 坚持了半年，坚持一年的有 16%，坚持三年的有 13%，13% 坚持了三年以上，这说明多数人目前从事自由职业的时间不超过一年，据了解，自由职业者的流动性较强，随着时间的推移，多数人会转行，而留下来的多为收入比较稳定，甚至超过上班所得收入的人。这就需要考虑工作和生活之间的转换。

· 自由职业者心理的矛盾性

自由职业者喜欢单枪匹马地从事自己想做的职业，甚至被冠以"独狼"、"独行侠"等称号，但是随着进一步与他们交谈，我们发现他们其实更喜欢与几个志同道合的人进

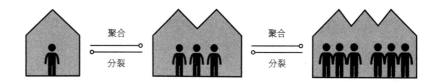

行小范围的合作，他们认为朋友圈的聚集可以拓展人脉关系，让工作进行得更为顺畅。

总之，根据前面的调查研究，我们经过实地调研后，选取了场地，决定为较为有特色的人群——自由职业者来进行设计。

根据调研结果，自由职业者的工作性质与传统行业有差别，他们多将工作室居住空间放在一起，生活方式较为新颖，同时希望空间能够有更高的可变性，应对不确定的生活方式。我们的设计也期望给自由职业者提供符合其居住、工作所需的空间。

我们在调研结果的基础上，模拟了一个自由职业者的典型经历：青年人自由职业者小 A，独自搬入创智坊地区，一段时间的打拼之后，规模逐渐扩大，居住和工作的空间需求也变大；另外，小 A 与周围的人，尤其是相同性质职业的同行产生了一定工作、生活上的交流，形成了一定的交流圈，在原本的办公和居住空间需求之外，还有聚会和交流的需求；一段时间之后，这一圈子可能会分裂和重组，小 A 的生活空间需求也会发生变化。这一过程体现了单个的居住个体在工作中可能趋向于合作，合作又催生出合作团体的共享空间；团体也可以聚合成为组团或分裂成为个体，同时组团也会分裂成团体与个体。随着居住用户的融合与分裂，形成一个发展与动态演变的过程。

使用者和使用者所需的空间是一一对应的，随着个体和团体的演变，其所使用的空间也会出现聚合与分裂，为了满足自由职业者这一群体的特殊需求，户型应该具备与生活、工作需求相适应的灵活可变性。

所以，我们决定针对自由职业者创造一种集居住与工作为一体的商住单元体，利用工业化建筑灵活可变的优势，创立一种融合的机制，随着时间的推移，这一机制可以灵活适应不同的需求，用户经过改造，可创造出适用于不同时间段的居住与工作空间。通过自主融合从而达到"1+1 > 2"的空间利用效率。

商住细胞

为自由职业者打造的商住单元体的极致表现：足不出户在家工作

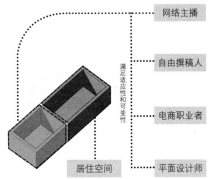

网络主播

自由撰稿人

满足适应性和可变性

电商职业者

居住空间

平面设计师

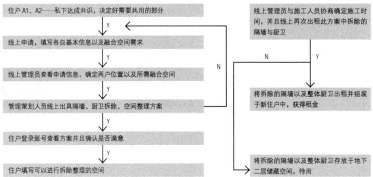

2 方案概念

2.1 初步设计

空间灵活性应该如何实现？我们研究了开放建筑的理论，参考了 Next21 这一案例，采用支撑体和内装体分离的方式，使得支撑体不变，内装体可以自由改变，这样户内空间具有了适应性和灵活性特点，内装体在达到使用年限或者不能满足住户要求时即可以更换，在更换过程中，住户参与二次设计，在设计师的帮助下选择个性化方案和部品。

工业化部品装配式安装的建设方式为这种灵活性提供了可能性，住宅可以拆分为不同的组成形式，如墙板、门窗、卫浴、厨房等等，有一系列的规格，像超市中的商品一般供人们选择，提供了更多的消费可能，这种"超市模式"为住宅能够快速、高效地进行改装以满足生活方式的多样性，并提供了

产品上的多样选择，同时也充分发挥了工业化快速生产、快速配置的特点，将资源进行整合并且进行合理的分配，提高效率，减少成本。

自由职业者是个性较为鲜明的一群个体，他们的居住空间与工作空间既关联又脱离，每个人都有关于居住空间和工作空间的不同需求。所以我们让自由职业者来选择"自己的家"，他们可以根据自身对于居住空间的需求，在部品库中进行挑选合适的产品进行室内空间的布置。同时除了户内居住空间的选择方面，楼内的住户在配套服务的公共设施和景观层面也可以进行选择，如包含餐饮、售卖、医疗、教育和会议在内的公共区域以及一些绿地公园、儿童游乐、音乐广场、宠物天地和菜园在内的社区景观，住户在参与

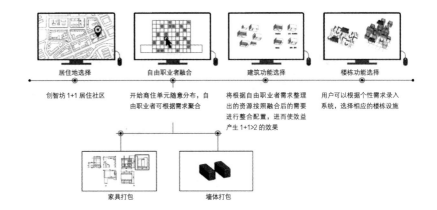

居住地选择   自由职业者融合   建筑功能选择   楼栋功能选择

创智坊1+1居住社区   开始商住单元随意分布，自   将根据自由职业者需求整理   用户可以根据个性需求录入
由职业者可根据需求聚合   出的资源按照融合后的需要   系统，选择相应的楼栋设施
进行整合配置，进而使效益
产生 1+1>2 的效果

家具打包   墙体打包

户内设计的基础上也可以进行户外空间的功能设定，随着一段时间的发展，可以进行一定范围内的更换。

2.2 方案设计：W & L 融合概念

在初步概念的基础上，方案针对自由职业者的生活特性提出了概念："W & L 融合住宅"即 working place and living place 为一体的住宅。此居住形式以开放体系下的工业化为载体，可随着用户需求的不同发生灵活改变。

融合并非直接合并，其中也会发生一定的化学反应，即"2>1+1>2"：一方面是"2>1+1"，随着用户的融合，组成了一定的公用空间，空间面积减少，经济效益增加，同时空间品质也可能会提高。另一方面是"1+1>2"，自主融合从而达到收入效益"1+1>2"的效果。通过融合实现随着工作生活空间的变化、空间品质得到提高，效益和产能也会提高的流动模式。

2.3 融合线上管理

我们对选择过程进行了设想：通过建立一个网络后台机制，实现线上设计和管理。住户线上选择合适的居住套型，办理入住；随着工作规模扩大、交往圈子的形成而在线扩大居住和工作空间，实现融合。

融合意味着功能的变化，如两户融合后，省掉的厨卫空间换做公共活动空间，以适应各自职业发展的需要。这在一定程度上可以提高空间利用率，同时也对空间的适应性提出了要求。

为实现户型的灵活快速融合，设想通过供应系列化、规格化家具产品和易变的隔墙，帮助用户实现参与融合。

另外，考虑到分离的情况，除了空间的分裂，还存在"消失"，即搬家的可能性。年轻人由于生活不稳定，经常需要搬家，这时根据用户的需求，可以实现整体家具的拆卸、移动、组装和墙体的移动。可以选择把家打包，根据使用者的需求和所处的居住空间进行灵活的调整，并搬到新的住处，也是我们对新的生活方式的一种探讨。

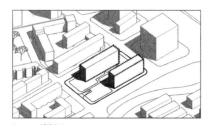

Step 1: 板楼布置
地块选定创智坊东南侧，并在基地内南北布置两栋板楼，为住户赢
得好朝向

Step 2: 底层沿街商业
板楼底部沿主要街道布置商业配套设施

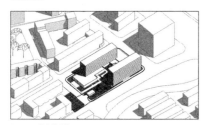

Step 3: 绿廊景观带
地块南侧部分空出，与相邻地块绿化形成绿廊景观带，北侧住宅部
分架空与大学路相连

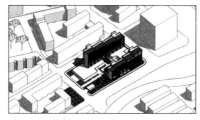

Step 4: 屋顶退台布置
屋顶沿两个方向退台，营造不同程度的绿化空间，凸显城市空间感

2.4 场地空间组织

· 总体布局 – 围合院落

在进行创智坊地块的场地布置上，在地块南北布置两栋板楼，沿主要街道设计配套设施，南侧部分空出绿化空间，与相邻地块绿化连为一体，形成绿廊景观带，北侧住宅部分架空，与大学路相连，形成开放式住区，并在其中布置主要的人车入口。

北侧板楼中以中、小户型为主，南侧的板楼以大户型为主，总体户型数量在90～144户之间。

· 单体设计 – 层层退台

在单体设计上，我们希望通过竖向逐步退台的方式。这种形式具有很多优势：

可以为住户提供屋顶绿化平台，增加住户间的交流活动；

可以与基地环境进行呼应，以减弱街道两侧建筑对街道空间的压迫感；

可以在平台上进行加建，提供未来发展的多种可能性；

可以布置绿化空间，美化居住环境。

另外，退台的建筑布局可以降低混响声级，避免了多重回声现象，对控制交通噪声具有一定的作用。

小户型换小户型（中户型换中户型、大户型换大户型）

小户型　中户型（平层）　中户型（跃层）　大户型（跃层）

	融合动力	处理方式
被融合户型	主观融合意愿	户型依据双方需要融合，提升生活与工作品质
融合户型	主观融合意愿	户型依据双方需要融合，提升生活与工作品质
被替换户型	协商移动，租户利益不被损害，等价置换	协商移动，租户利益不被损害，空间等价置换

中户型换小户型

  »
中户型（平层）　中户型（跃层）　　小户型

	融合动力	处理方式
被融合户型	主观融合意愿	户型依据双方需要融合，提升生活与工作品质
融合户型	主观融合意愿	户型依据双方需要融合，提升生活与工作品质
被替换户型	协商移动，同时获得相对大的中户型空间	中户型空间适当利用，户型面积仍为小户型，室外可充分利用

小户型换中户型

 »
小户型　　中户型（平层）　中户型（跃层）

	融合动力	处理方式
被融合户型	主观融合意愿	户型依据双方需要融合，提升生活与工作品质
融合户型	主观融合意愿	户型面积仍为小户型，室外可充分利用
被替换户型	协商移动，安置到环境更好的地方，利益不受损害	安置到楼层中的安置区域，该区域环境品质比原先高

3　户型的可适性融合

3.1　住宅融合机制探究

由于现实因素，我们无法预计所有的情况，但是对所有可能融合的方式进行探究是有必要的。

由此，根据使用人群意愿及需求的不同，我们设置了大、中、小三种户型，并考虑到套型数量与位置布置，将中、小户型集中在一栋板楼，大户型集中在另一栋板楼。所以，户型之间的融合也就包括中、小之间，中、中之间，小、小之间和大、大之间这几种类型。同时我们根据融合的意愿将融合过程中涉及的用户进行分类，共有三种用户：被融合户型、融合户型和被替换户型，这几种不同类型的住户在动力需求下发生置换，融合的两个户型具有主动力，合并后可以提升工作和生活品质，被置换的户型通过协商等价置换或是置换后提升空间环境，赋予其更大利益，增加其置换动力。

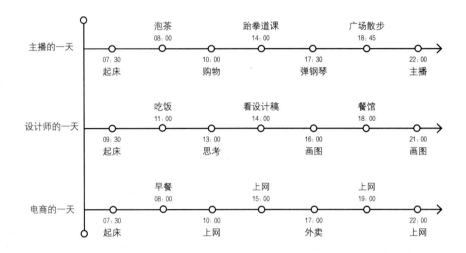

主播的一天	泡茶 08：00	跆拳道课 14：00	广场散步 18：45
	07：30 起床	10：00 购物	17：30 弹钢琴

主播的一天
- 泡茶 08：00
- 07：30 起床
- 购物 10：00
- 跆拳道课 14：00
- 弹钢琴 17：30
- 广场散步 18：45
- 主播 22：00

设计师的一天
- 吃饭 11：00
- 09：30 起床
- 思考 13：00
- 看设计稿 14：00
- 画图 16：00
- 餐馆 18：00
- 画图 21：00

电商的一天
- 早餐 08：00
- 07：30 起床
- 上网 10：00
- 上网 15：00
- 外卖 17：00
- 上网 19：00
- 上网 22：00

3.2　三种自由职业者的户型设计

针对目前的各类自由职业者，方案选取三种在网络时代较为典型的职业——设计师、电商和主播进行分析，针对其各自不同的特点进行户型设计。

为充分了解其职业区别，本小组成员通过调研及网络查阅，追寻到各类自由职业者一天的生活轨迹：

设计师的工作特点使得他们需要更为广阔的工作台面，由于工作状态的灵活性，工作与休憩空间有所交叉。在长时间画设计稿的过程中，他们可以到有新鲜空气、阳光以及活动空间来放松，所以在户型设计上要提供休憩场地。

对于电商而言，全天候不定时的工作模式使得其工作空间与居住空间模糊化，没有明确的界限，需要大量储藏空间。

主播为近年来新兴的职业，在直播过程中需要提供为直播间服务的化妆、换衣场地。对于大多数主播来说，卧室与直播间严格分离可以为主播的私人空间提供保护，因此希望能有明确的分区。

由此，针对上述三种类型自由职业者的需求，分别根据其各自的特点进行设计，应用在大、中、小户型上面包括：以半开间为主的小户型、以一开间为主的中户型、两个半开间组合而成的跃层中户型和1.5开间组成的跃层大户型，一开间面宽为7800mm，进深为8400mm，一共形成了12种基本户型。每个类型自由职业者的小户型都是32m²，中户型平层和跃层为59m²，大户型跃层为98m²，我们对这些户型分别进行了方案设计。

| | 设计师户型 | 电商户型 | 主播户型 |

小户型 32m²

中户型 59m²
（平层）

中户型 59m²
（跃层）

大户型 98m²
（跃层）

3.3 融合过程的模拟

为更加形象化地描述户型融合的过程，我们模拟了一个典型案例，推导其演化过程。

我们以一个跃层中户型和一个小户型为例：住户根据个人意愿选择在楼栋中的居住位置，依照其需求从位于一层的部品库中提取墙板和家具进行布置，墙板通过电梯井旁边的滑道进行运输，家具直接通过电梯运输。

家具和部品运送到指定位置后，通过简单的安装和组合，形成一个跃层中户型和一个小户型，租户可以直接拎包入住。

在居住过程中，楼内如有其他和中户型住户工作性质一样的其他住户，希望与其进行融合，和小户型的住户协商后同意进行交换。具体的融合步骤为：

小户型的住户要先将家具打包，将其墙板进行整合。由于两户合成一户之后可以共用一些空间，如可将厨卫减少一套，而将此空间留作别用，在空间形式上即把厨卫整体打包，通过电梯运送到下面的部品库放置，原有厨卫空间增设成其他空间。

对于厨卫等用水区域，我们对其进行了降板设置，进行墙体和管线的分离，移除厨卫功能后，直接将接口在降板内封闭，留待需要时可以恢复使用。

对于想移到此位置的用户，也将其墙板通过滑道传输，家具通过电梯运送到指定的位置后，将墙板重置，家具复位，这样一个跃层中户型和平层小户型融合后，形成了新的居住空间。

此外，我们还推演了户型融合的多种可能性，并进行了居住－工作空间的重组模拟。

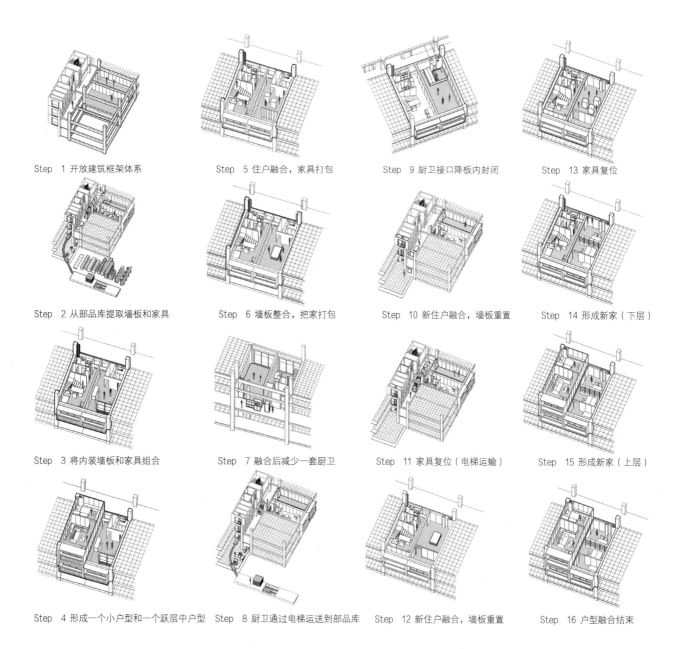

Step 1 开放建筑框架体系

Step 5 住户融合，家具打包

Step 9 厨卫接口降板内封闭

Step 13 家具复位

Step 2 从部品库提取墙板和家具

Step 6 墙板整合，把家打包

Step 10 新住户融合，墙板重置

Step 14 形成新家（下层）

Step 3 将内装墙板和家具组合

Step 7 融合后减少一套厨卫

Step 11 家具复位（电梯运输）

Step 15 形成新家（上层）

Step 4 形成一个小户型和一个跃层中户型

Step 8 厨卫通过电梯运送到部品库

Step 12 新住户融合，墙板重置

Step 16 户型融合结束

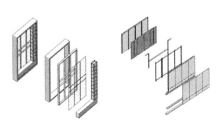

围护体和门窗构件

3.4 融合方式设计

我们进行了一系列技术方案设计，以对户型融合的可行性进行研究。这一系列的构造方案是在工业化装配式安装这一生产方式的基础上进行的。通过工业化部品的工厂生产和现场安装，实现干式作业，可以实现内装安装和改装。

· 墙体设计

建筑的围护结构由预制混凝土外墙构件拼装而成，构件与主体结构紧密联系，并可以根据需要随时更换。

户内填充墙体必要时可进行拆分，并应住户需求进行室内改造，拆除下的墙板可移至另一户内继续使用，在材料有效利用的同时可以达到墙体的快速安装。

户内填充体采用双层墙体构造，中部预留空隙放置电线，通过墙面下的预留孔洞将插座引出，带插座的墙板和普通墙体规格一致，这样就可以在房间内任意布置插座。在入口处设置强电、弱电接线盒。

· 整体厨卫

采用整体卫浴和整体厨房，整体厨卫是代表性工业化部品，方便现场更换，同时也便于维修。户型融合时也可以进行整体数量的增减和型号的更换。

为满足不同户型的差异和需求，整体卫浴采用居逸系列产品BUJ1420、1622、1820等型号，可以做到干湿分区，方便使用。厨卫区域在户内集中，方便用水设备管道的布置和户内降板区域的设置，采用同层排水。

· 户外管井与户内降板

在传统方式建造的住宅中，排水、排污

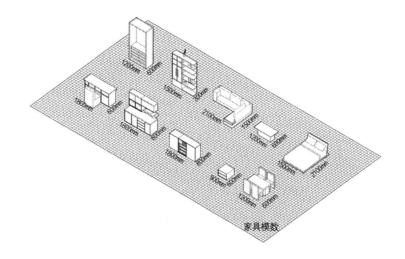

家具模数

等一部分管道直接穿越楼板，使用过程中容易出现渗水普遍、难以维修等情况。

考虑到管线的布置尽量不影响户内空间的功能空间，并实现户内的可变性，在公共走廊布置竖向管井。减少对室内空间的占用，方便检修与日常维护，更避免了传统住宅容易殃及别户的渗水问题。

公共管井紧邻每户厨卫空间，通过标准化的接口直接接入户内降板区，并与整体厨房、整体卫浴等进行接驳。

当需要对用水空间进行重新设计，如拆除一套整体厨卫时，可以直接在降板区将接口封闭即可。而需要重新安装的时候，又可以在降板区打开接口，重新布置用水空间。

· 模块化家具设计

在家具的选用上，结合对市场常规家具尺寸的研究，我们对各空间使用家具的模数进行了整合，并在此模数的基础上，在户型标准化、模数化的基础上，设计了一套标准化家具，使其符合规格化的要求。用户根据功能需求从模块库中提取模块并进行组合。

由于模块化组合方式的不同可以将不同的功能加以组合以满足个性化需求。模块库也可以随时更新。

在户型基本单元的基础上，由单个户型排列，并形成外廊式的单体布局。

在住户入住的过程中，自由职业者之间信息交流与合作聚合，形成更多工作空间的合并，我们探讨了在不同种类户型融合中产生的7种组合方式，而组合方式的不同，也会产生千变万化的住宅单体平面。值得一提的是，这些变化也是可逆的。

4 结语

　　青年人群是大城市高速发展的来源和动力，关注青年人的住房问题，可对社会发展起到一定推动作用。自由职业者未来的发展具有很大的潜力，但他们的居住环境却长期得不到改善，我们进行了青年住宅设计的尝试，为这一人群提供了工作和生活结合的住宅设计模式，也为未来出现较多的居住可能性提供设计蓝本。

　　我们研究了开放建筑理论，吸取其灵活可变的概念，为自由职业者的城市生活提供了多种空间布局的可能性和个性化定制的可能性。通过研究融合机制、户型设计以及融合方式，对自由职业者融合发展的合理性进行探讨，对于自由职业者社交圈子的建立起到了一定促进作用，有利于提升青年人群的归属感和满意度。

　　在内装体系方面，户内隔墙和家具的打包、拆卸可以按照住户的意愿变化，可随着自由职业者的需求和个体之间的聚集，进行内装体系的更换和融合，从而减少住宅的大拆大建，实现资源的可持续利用。

生长的家

随着我国步入老龄化社会，人口老龄化持续加重，对老年人居住问题的关注日益增多。老年人口规模庞大、高龄化趋势显著，配套产业发展严重滞后等社会问题相继出现，加之我国长期以来实行的计划生育政策，使"4-2-1"的家庭结构和空巢比例快速上升。研究表明，国内绝大多数老年人都选择居家养老的方式，且受生活习惯和经济条件的限制，一般不愿意搬离原来的居住环境，但这部分老年人使用原来的户型布局和设备设施，缺少便利性和安全性考虑，这一现象对既有居住建筑提出了新的要求。

针对这一社会现象，如何让住宅主动适应住户的老年需求是解决问题的关键，而这类适应性住宅的设计势必与传统模式不一样，灵活可改性是设计的新方向。那么，如何让住户根据自身需求，在设计、建造、使用过程中参与到定制设计中来呢？

家人照料　玩具收纳　学习思考　居住单元　休闲爱好　　扶手　插座开关
婴儿房　儿童活动　私人空间　家庭活动　茶艺　　无障碍　适老家具　老人交流　医疗护理

0～5岁 出生　6～12岁 儿童时期　13～27岁 学生时期　28～55岁 成家立业　55～65岁 老年生活　65～ 老年护理
（呵护照料）　（活动游戏）　（学习与独立）　（家庭与活动）　（休闲养生）　（养老与护理）

1 背景和理念

1.1 SAR 理论与开放建筑

住宅建筑的使用功能主要与内部空间划分、设备布置、家具摆放等有关，使用者的需求会随着年龄等因素不断发生改变，在建筑的生命周期中，保持不变的功能难以满足不同使用者的要求，因此需要不断更新内部空间。

开放建筑理念通过将建筑的支撑体和填充体分离，从而实现灵活调整填充体部分，满足不断变化的使用需求。而这个不断调整的过程，对于建筑本身而言也延长了建筑的生命周期。

1.2 适老性设计

从住户的全生命周期角度，人在不同的阶段有不同的需求，而步入老年阶段后，对住宅的需求会发生一定的变化。

居家养老是大多数老年人的首选养老方式，但是大部分普通住宅在适老设计方面的滞后成了在宅养老发展最大的障碍。

住户随年龄增长而出现身体机能下降后，希望能够继续居住在原有的环境中，适老性设计的推广和应用具有十分重要的价值和意义。

1.3 工业化住宅

住宅建筑离不开生活所必需的各类部品、管线等，这个部分在传统建筑中不能随意调整，不便于实现空间功能的变化。

工业化住宅提倡新型建造方式和技术手段，实现部品体系标准化和模数化。工业化住宅多选用可回收建材，生产方式以工厂预制为主，施工现场采用干作业施工，这对于建筑物本身而言，不仅能够减少对环境的影

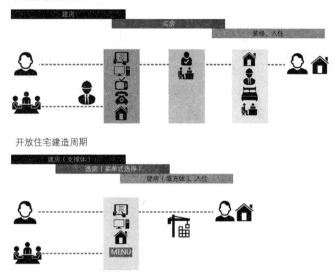

传统住宅建造周期

建房

买房

装修，入住

开放住宅建造周期

建房（支撑体）

选房（菜单式选择）

建房（填充体）、入住

MENU

响，也可以延长建筑的生命周期，实现开放建筑的要求。

1.4 基地概况

本设计小组选择同济新村为该设计的基地，将其中两栋住宅楼置换为新建的适老性住宅，在户型设计上面涵盖三类小户型。设计过程主要探讨 SAR 理论和工业化技术在住宅中的应用，以及适老性设计在住宅中的体现。

同济新村是同济大学为了解决教师职工等住宿问题而在解放初期建造的一批住宅，最早的楼宇建设于 1954 年，最新的建造于 1990 年代初。我们将替换楼宇的具体位置选择在位于同济新村西北角的 28、29 号楼，此处紧邻中山北二路和四平路，并接近四平路设置的小区出入口。

通过调研分析得知，该基地有以下几点问题需要重点考虑：首先，小区西北角缺少便利店等公共服务，希望结合新建的住宅楼增加一些便民服务设施；其次，基地位置靠近城市主干道，受到的噪声等影响较大，考虑新建住宅的隔声降噪措施；再次，西北角没有开放活动空间，人气较差，需要考虑场地的开放活动空间及绿地空间。

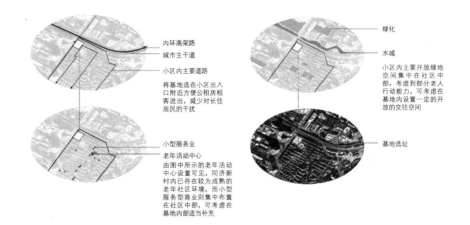

内环高架路
城市主干道
小区内主要道路
将基地选在小区出入口附近方便公租房租客进出,减少对长住居民的干扰

小型服务业
老年活动中心
由图中所示的老年活动中心设置可见,同济新村内已存在较为成熟的老年社区环境,而小型服务型商业则集中布置在社区中部,可考虑在基地内部适当补充

绿化
水域
小区内主要开放绿地空间集中在社区中部,考虑到部分老人行动能力,可考虑在基地内设置一定的开放的交往空间

基地选址

1.5　设计理念

本设计的主要对象是在场地中的两栋住宅楼,其中一栋可当作公租房对外开放。在设计过程中重点考虑的问题有:功能和建筑的全生命周期、住宅多元化与个性化、使用者的参与形式、室内空间与家具的精细化设计、SAR住宅体系和相关工业化技术的应用等。这些要点可归纳为两个方面的设计理念:住宅全生命周期设计、住宅形态多元化设计。

·全生命周期设计

将全生命周期的概念细化,分成两个组成部分,即从建筑本身考虑的全生命周期和从建筑内部功能考虑的全生命周期。从建筑本身考虑的全生命周期,是指从建筑规划设计、建造、运营到拆除、处理、再生,整个过程的统筹安排,将建筑利用最大化,尽量

减少建筑废物的产生,做到环境友好的设计;从建筑内部功能考虑的全生命周期,是指住宅可以满足家庭结构发生变化的情况下,对于功能布局、空间大小、房间数量等方面的不同需求,重点考虑住宅的适老性设计策略。

·形态多元化设计

住宅形态多元化是指能够为不同的住户提供多样的选择,主要体现在三个方面:第一,利用SI体系建筑内部空间划分灵活的特点,设计多种户型供住户选择,同时可以预留建筑未来发展的空间(通高的客厅,入户花园等);第二,在户型外部设计上,形成多种面积大小和布局的户型,满足不同经济实力和使用需求的住户;第三,利用菜单式选择模式,让住户自行选择需要的功能模块,使住宅真正满足住户的直接需求。

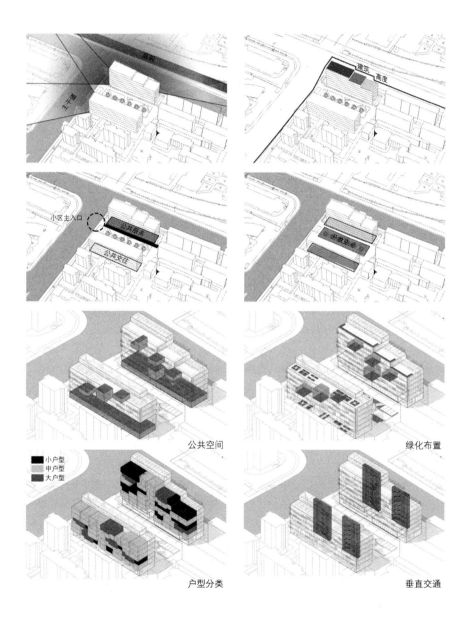

公共空间

绿化布置

户型分类

垂直交通

小区主入口

公共服务

公共交往

公共服务

建筑　高度

黄浦江

十二街

■ 小户型
□ 中户型
■ 大户型

2 方案设计

2.1 场地设计

基地北向是城市高架和城市主干道，噪声较大，影响基地的舒适度，应该把这一矛盾放到方案设计的层面进行考虑，将公租房放置在基地北侧，设为小高层的形式可以一定程度上帮助小区内部降低外界的干扰。

本方案采用外廊式，便于工业化的装配和后期灵活变动，也为设置公共空间创造条件。同时，我们提出了北向外廊与住宅功能分离的形式，减小走道与户内的互相影响；且在立面上采用垂直绿化及相关构件，降低城市道路的影响。分离式的外廊能够形成较好的公共空间，打破单一的单廊式住宅设计格局。

此外，北侧拟建住宅通过增加楼层数，适当提高容积率，但小区内既有住宅以多层为主，所以在新建部分采用退台的形式，尽量保持与现状的统一，同时也达到了建筑造型的多样性。基地位于同济新村小区出入口位置，是人流汇集区，考虑到公租房流动人群组成的特点，底层可设小型商业和其他公共服务设施。

通过场地调研，发现该区域人群活动并不多，为了改善这一现状，在底层设置公共服务功能的基础上，对底层空间及周边场地进行深化设计。将公租房底层设置咖啡茶座、小型超市及托儿所等功能，以迎合公租房主要受众。普通住宅底层则是放置板凳及绿化模块等，提升公共空间品质，满足居民日常交往活动对场地的需求。

2.2 单体设计

建筑的整体设计除了满足住宅的基本要求外，还重点考虑了底层架空、屋顶退台、北廊脱离、北立面隔声降噪、南立面多样性、室内公共空间布置等策略，解决场地现有的一系列问题。对于建筑单体来说，需要将这些想法落实到具体的设计上。

我们对垂直交通与屋顶平台退台的关系进行了梳理，尽量能在满足消防疏散的前提下形成较为丰富的退台空间层次，并满足整

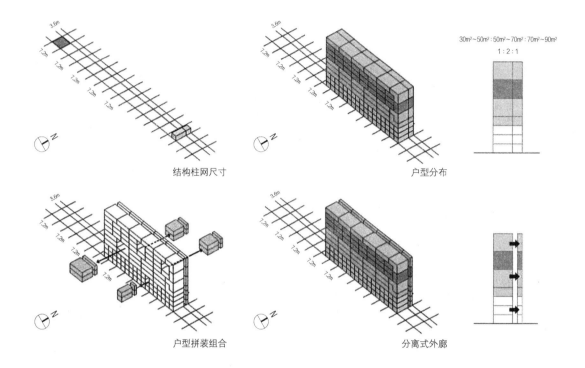

结构柱网尺寸

户型分布

30m²~50m² : 50m²~70m² : 70m²~90m²

1 : 2 : 1

户型拼装组合

分离式外廊

个小区内的建筑高度控制要求。

我们清晰界定底层公共空间的各个功能，以及模块化单元的灵活可变性，在底层设置咖啡、简餐厅、小型超市及物业管理工作处（若不需要可转化为其他居住混合式办公），二层局部可通过既有房间模块转变为一个小型托儿所，服务有需求的居民，充分利用空间。

我们对屋顶绿化及公共空间绿化进行选型及设计，普通住宅楼顶楼设置较多绿化模块供居民观赏或种植花草蔬果，在满足适老活动的基础上为丰富部分老人业余生活提供可能，公租房楼顶则将绿化模块靠边布置，留出完整的开放场地以满足租客更为多元化的活动需求。

2.3 用户参与设计

SAR 理论的核心思想是将建筑的结构支撑体与功能填充题分离，本方案在设计上借鉴该体系的设计思路，将住宅设计分为支撑体开间原始空间和用户参与填充体设计两个

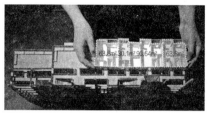

阶段。

　　基于 SI 住宅体系的原则，在住宅结构体系完工的基础上，填充体建造可以主要由住户进行决策，完善功能布局和细部设计，用户可以尽可能多地参与到理想户型的设计与建造中。

　　结合户型设计的必要因素和工业化带来的建筑技术支持，我们提出了"菜单式介入"的使用者参与形式。这与传统购房的模式相比，即只能在给定的几个有限的户型内选择的模式有很大不同。

　　为了提高住户的参与可能性，引入"菜单系统"，将不同的功能及构件模块化，并提供多种选择，住户可以在设计阶段根据自己的需求进行选择。

　　我们通过建立菜单系统的网站或相关交互平台，为客户提供不同的户型面积以及丰富的功能模块和构件模块。使需要买房或租房的用户可直接在网络平台事先根据自身需求进行选择定制，菜单系统将是一系列的功能单元和构件集合，包括墙体、顶棚、地板、家具、厨卫、卧室甚至起居室等。用户可以根据自己的实际需求或者长远计划，进行自由的居住空间组合。通过产业化配套设计生产，菜单体系将极大地提升使用者的可参与性，易于推广应用。

　　住宅的全生命周期使用主要体现在户型的灵活性和构件的可变性上，包括户型内部调整和户型外部的重组与生长。本设计的户型按照面积分为 30m² ~ 50m²、50m² ~ 70m²、70m² ~ 90m² 三个范围类别，选用的主体框架结构为 7200mm×7200mm 的经济尺寸，公共空间的结构尺寸为 7200mm×5400mm。

　　方案主要以积木组装的形式实现户型的拼装组合，其灵活的组合形式不仅增加了设计的趣味，还为后期住户面积的扩充需求预留了可能性，便于后期进行户型轮廓的调整。我们同时还预留了楼层内的共享空间，为生活其内的住户提供更多的交往空间，增进邻里交流。

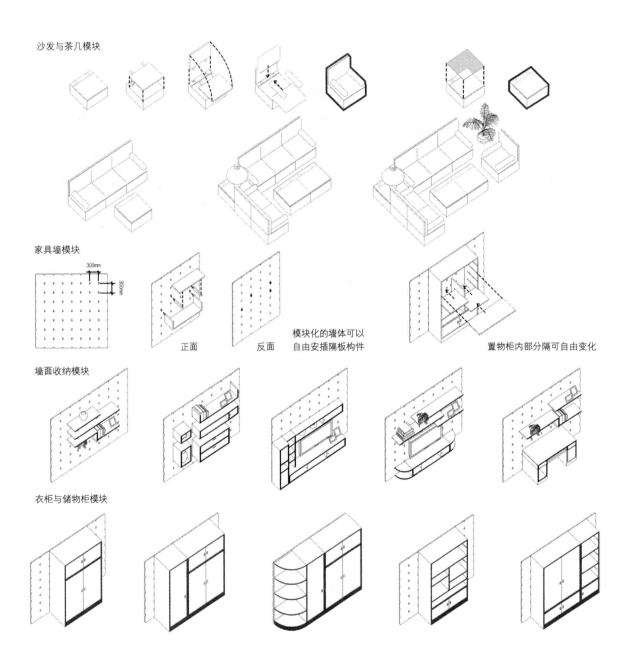

沙发与茶几模块

家具墙模块

300mm 300mm

正面　　　　反面　　　模块化的墙体可以
　　　　　　　　　　　自由安插隔板构件　　　　　　　置物柜内部分隔可自由变化

墙面收纳模块

衣柜与储物柜模块

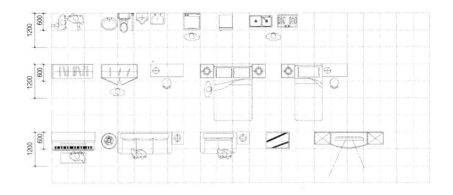

3 菜单系统

我们按照标准化原则、人体工学理论及工业化的设计要求对菜单系统进行了详细设计,依照人体尺度和标准化要求进行了单元模数的设计,并在此基础上对菜单组成进行了研究和构建。

3.1 单元模数

住户"菜单式"介入户型设计,是建立在住宅各个功能模块以产品形式展现的基础上,因此对于产品的选型及安装需要考虑模数协调和覆盖多种需求。

结合人体活动尺度的要求,本方案提出了 600mm 的单元模数,以及 300mm 的半模数作为基本。

经过研究,大部分家具所占空间主要集中在半模到多模范围内,而人体基本活动所需空间一般为 1~2 个单元模数。

因此,在菜单系统中,对不同行为组合进行研究,确保舒适的前提下,推导出不同的功能单元的模数体系,从而布置不同的功能形态。

3.2 菜单组成

菜单系统主要以功能进行分类,除整体厨卫这两个目的性较为明确的功能空间,其他房间的弹性相对较大,在模数协调的基础下,给出多种功能形态供住户选择。室内空间方面有整体卫生间、整体厨房、卧室、起居室及其他房间等;构件方面有吊顶、墙体、立面构件、家具等。

· 整体卫生间

整体卫生间是最有代表性的工业化部品,卫生间采用整体预制的空间模块,减少施工现场作业,同时方便更换维修。

在菜单组成上,除了 15m² 的最小的户型选项配备了超小的卫生间外,其余卫生间都能做到干湿分离,卫生间尺寸从 1200mm×1800mm 到 1800mm×2400mm 不等,为用户提供多样的可能。

卫生间包含无障碍选项,地面无高差,并设置了一系列的扶手、折叠坐凳、报警按钮等适老设施。

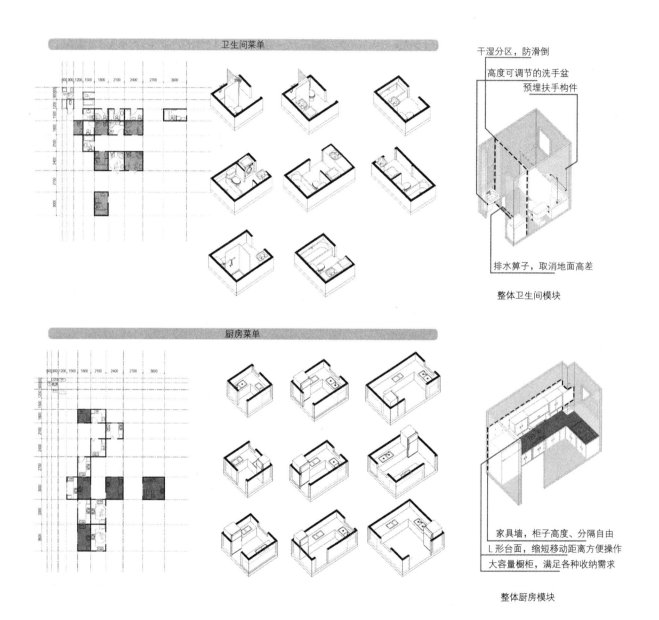

卫生间菜单

干湿分区，防滑倒
高度可调节的洗手盆
预埋扶手构件

排水箅子，取消地面高差

整体卫生间模块

厨房菜单

家具墙，柜子高度、分隔自由
L形台面，缩短移动距离方便操作
大容量橱柜，满足各种收纳需求

整体厨房模块

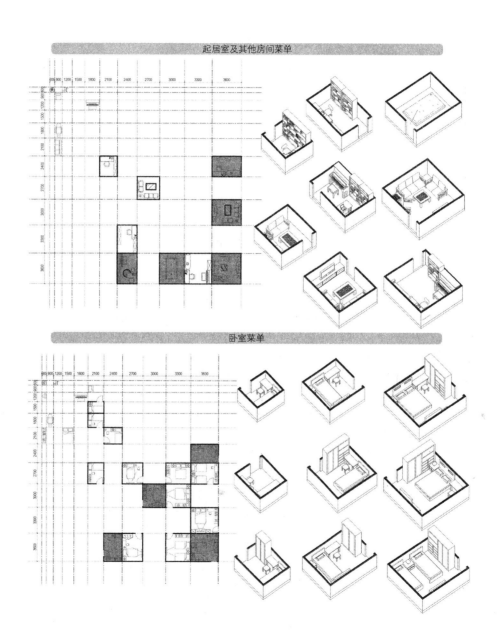

起居室及其他房间菜单

卧室菜单

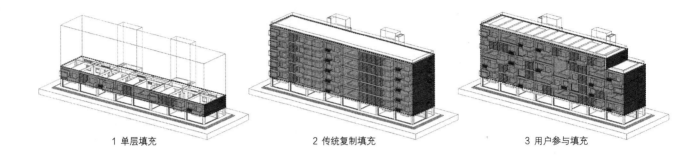

1 单层填充　　　　　　2 传统复制填充　　　　　　3 用户参与填充

・整体厨房

整体厨房按照户型面积的不同，有不同的面积配比，30m² 的小户型结合玄关配备有规格为 1800mm×1800mm/1800mm×2100mm 的迷你厨房，厨房内设置了一系列可折叠的操作平台，增大操作台面积。60m² 和 90m² 的户型设置有 2100mm×2400mm 到 3600mm×3000mm 的舒适型厨房，多种选择满足不同住户的使用习惯。

・卧室

我们在设计中，考虑了卧室作为主卧室、儿童房、客房、老人房等几种情况，由住户在方案设计阶段按需要选择搭配。

老人房按照适老要求布置，增添必要设施，满足轮椅回转半径，预留空间满足老人分房睡的要求等。

・起居室及其他房间

起居室的功能多样，与住户的个性化需求关联更为紧密，我们在菜单系统中设置了多种功能的房间，供住户自主选择，并按照需求设置功能，实现户型个性化发展。

・吊顶

关于住宅的吊顶，根据方案统一的模数，确定了顶棚模块的尺寸为 600mm×600mm，我们设计了灯具模块、吊扇模块、空调出风口模块、新风系统模块等。

・墙体

墙体以 600mm 为模数，300mm 为半模数，高度上保持一致。墙体采用双层墙的设计，中间留有 30mm 宽的缝隙可以布置管线、填充保温隔声材料等，通过轻钢龙骨构件进行安装固定。

・家具

采用模块化的原理对部分家具进行了统一设计，如相同单元尺寸的沙发和茶几模块，只需增加一些软垫或者玻璃，就可以让一个普通的木盒子产生功能和意义。

在家具设计中也考虑规格和模数，如沙发的长短和个数可以由使用者自行选择控制，提高使用效率。

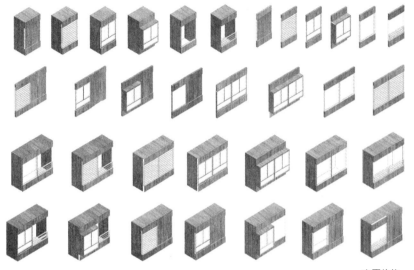

立面构件

・立面构件

立面构件同样采用 600mm 的模数，有实墙、阳台、落地窗、普通窗、飘窗、格栅等六种基本模块单元，每个基本模块都有挑出框架 1200mm 的选项，互相组合即可形成丰富的立面效果。

由于立面由用户自行选择，故不存在确定的最终立面形式，丰富多样的立面形式也是用户参与的体现，这与传统住宅的立面形态差异较大。传统建造模式是由开发商向住户提供唯一选择，一般上下楼层户型一致，立面形态一致，本方案通过用户在菜单中选择立面构件模块，按需装配不同的构件，最终形成多样的造型和立面形式，打破了传统住宅的单一以及早期工业化住宅遗留下来的呆板形象。

・公共空间

公共空间可分为楼内公共空间和底层公共空间，这类空间的设计和住宅户型一样，采用菜单式功能化模块，布置所需的构件和设施，形成公共服务性空间。

在公共空间中，辅助设置无障碍坡道、扶手等，以达到适老的要求，营造良好的社区氛围。

其中场地公共空间主要是指两栋楼的底层空间和围合的庭院空间，而楼内公共空间主要指一些尚未卖出的闲置空间和北向外廊平台。

住户同样可以参与线上平台的菜单选择系统，这些闲置的公共空间可阶段性地根据住户建议与投票被赋予一定公共功能属性，如休息平台、绿地等。

60m² 户型 A 平面图　　　　60m² 户型 B 平面图　　　　60m² 户型 C 平面图

60m² 户型 D 一层平面图　　60m² 户型 D 二层平面图　　91m² 户型 A 平面图　　　　91m² 户型 B 平面图

91m² 户型 C 平面图　　　　91m² 户型 D 一层平面图　　91m² 户型 D 二层平面图

13m² 户型平面图

30m² 户型平面图

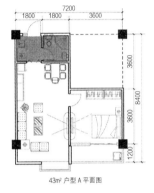

43m² 户型 A 平面图

43m² 户型 B 平面图

43m² 户型 C 平面图

4 户型设计

4.1 菜单选择

户型设计主要按照 30m²、60m²、90m² 三类进行布置，按照 SAR 体系的特征，户型主要属于填充体部分，由住户参与设计过程。因此，户型设计部分延续了菜单的模式，在既有的支撑体体系下，提供多种户型布局供住户选择与参考。

用户在确定支撑体原始空间大小后不一定必须遵从户型的指导，例如选择了三个开间的面积，相当于可以建造 90m² 左右的户型，用户可以选择一次性全部填充建造或是先建造一到两个开间，日后根据需求再进行加建，从户型的设置上也充分考虑全生命周期里变化的可能性。

结合菜单系统里面的功能模块、既定的模数尺寸以及实际使用的需求，提供了从 13m² 到 91m² 不等的各种面积的户型，分别进行了深化设计。

我们使所有的隔墙都纳入 600mm×600mm 的格网体系内，构件与部品的组装尺寸协调统一，模数标准化程度高，为后期户型内外的变化调整提供了技术支撑。

户型组装流程图

  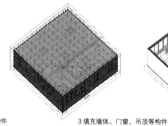 

1 铺设管道及地板　　　　2 设置隔墙划分轻钢构件　　　　3 填充墙体、门窗、吊顶等构件　　　　4 布置整体厨卫及家具

4.2　建造安装

与传统住宅的差异性除了在设计上让住户通过菜单系统参与进来外，本设计的建造模式也与传统方式有较大区别。

我们通过设想住户准备入住时的顺序，对整个建造过程进行了模拟。

首先是要确定所需要的空间和面积。

住户需要在既有的支撑体系上根据需要购置或租赁空间和面积大小，以开间（unit）计算，一个开间能够实现 30m² 左右的户型拼装，可以选择左右相邻或上下相邻的开间单元。

第二是在菜单中选择功能与构件。

原始空间确定后，需要将功能布置进来，这时候设计已经由住户主导，根据自己的需求在菜单上选择对应的构件和部品，如卫生间、隔墙等。平台也提供咨询服务，住户方案初步确定之后，可以通过咨询平台进行可行性测试，也为用户进一步优化自己的设想提供设计和服务上的支持。

第三是构件拼装与家具布置。

用户按照自己的需求进行进一步的深化设计，选取需要的模块构件，如整体厨房、整体卫浴、隔墙、外墙、分户墙等，系统会根据方案对产品进行统一下单，用户也可以在此过程中选择规格和外观方案。

完成菜单的选型后，经过一定的准备流程，这些产品将运往现场，在选定的支撑体空间中进行拼装，最终完成户型的布局。这样，用户布置好家具后就可以入住了，工业化的建造省去了传统的室内装修阶段，菜单式的选择让用户可以自己决定居住空间。

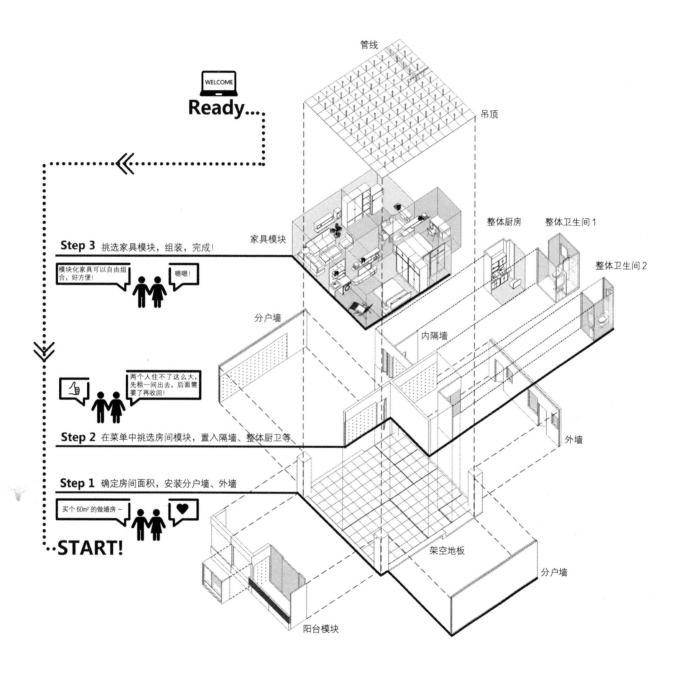

4.3　适老化改造

本方案中对于适老化设计，并不仅仅是面向老年人提供无障碍的方案，而是建立了一个系统，从而具备简单地进行适老化改造的可能性，同样，适老化改造也并不局限于面向老年人，可以根据用户需求，在住户尚未进入老年阶段时就开始进行改造，换言之，适老化改造只是我们所建立的灵活性系统的一个可能性。

我们按照应对不同需求的目的，设计了大中小三类户型，具体面积根据使用者的需求进行选择，这三类户型在使用过程中都有面临适老性改造的可能，对于本方案适老性改造主要从以下几个方面进行：

·墙体改造。可以在墙上增设门洞，以形成轮椅的回转回路，方便轮椅到达各个地方；此外，隔墙切角处理，使得视线畅通，方便监护人员照看老人。

·功能改造。考虑了增设监护人员卧室、轮椅停靠位置，缩短老年人卧室与卫生间的距离等一系列功能改造方案。

·设施改造。可以通过更换设施家具等方式进行改造，如在350mm的高度增设踢脚线，避免轮椅对墙体造成损坏；室内设连续的扶手，没有扶手的地方用矮柜台面代替，让老人走到哪儿都有地方可以依靠；家具倒圆角处理防止老人碰伤；调节插座和开关的高度，方便老人使用。

·模块改造。结合菜单中各个功能模块进行具体的优化改造，例如在卫生间设置可折叠的淋浴坐凳，在厨房设置自动调节开关的电磁炉，提供分床布置的卧室等。

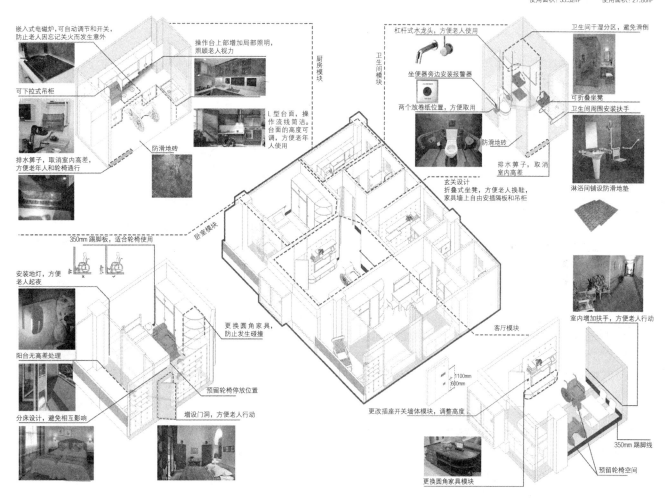

适老化户型改造

2室2厅1厨1卫
建筑面积：60.33m²
使用面积：55.32m²

+

1室1厅1厨1卫
建筑面积：30.10m²
使用面积：27.80m²

嵌入式电磁炉，可自动调节和开关，防止老人因忘记关火而发生意外

操作台上部增加局部照明，照顾老人视力

可下拉式吊柜

厨房模块

L型台面，操作流线简洁。台面的高度可调，方便老年人使用

排水箅子，取消室内高差，方便老年人和轮椅通行

防滑地砖

卫生间模块

杠杆式水龙头，方便老人使用

坐便器旁边安装报警器

两个放卷纸位置，方便取用

防滑地砖

排水箅子，取消室内高差

卫生间干湿分区，避免滑倒

可折叠坐凳

卫生间周围安装扶手

淋浴间铺设防滑地垫

玄关设计
折叠式坐凳，方便老人换鞋，家具墙上自由安插隔板和吊柜

卧室模块

350mm踢脚板，适合轮椅使用

安装地灯，方便老人起夜

阳台无高差处理

更换圆角家具，防止发生碰撞

预留轮椅停放位置

分床设计，避免相互影响

增设门洞，方便老人行动

客厅模块

室内增加扶手，方便老人行动

1100mm
600mm

更改插座开关墙体模块，调整高度

更换圆角家具模块

350mm踢脚线

预留轮椅空间

a. 初始户型

b. 户型改造 1

a. 初始户型:
1 室 2 厅 1 厨 1 卫 (47m²) +1 室 1 卫 (13m²)
满足小两口居住，并通过租赁，充分利用闲置空间

b. 户型改造 1:
2 室 2 厅 1 厨 1 卫 (60m²)
收回租赁空间，增加儿童房，满足家庭人员的变化

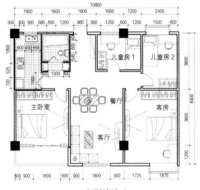

c. 户型改造 2

d. 户型改造 3

c. 户型改造 2:
4 室 2 厅 1 厨 1 卫 (92m²)
购置额外开间单元，扩充户型面积并增加卧室数量，
从核心家庭转变成为多代同堂家庭

d. 户型改造 3:
2 室 2 厅 1 厨 1 卫 (60m²) +1 室 1 厅 1 厨 1 卫 (30m²)
家庭常住人口减少，将大户型分隔成两个小户型，
其中一个用于出租，同时住户步入老年，需对室内
进行适老化改造

4.4　户型生长

　　我们不局限于住宅的适老化，而是在住宅全生命周期内进行讨论。

　　要实现住宅全生命周期内持续满足住户的需求变化，户型应不断生长变化，主要是指针对家庭人口数量、人员构成等发生变化时做出的调整。如适老性改造，随着住户年龄的增长可能需要看护，和借助轮椅或拐杖活动，这时对户型的流线组织、视线关系、空间尺度及细部设计等都要重新组织，从而提出相应的户型改造策略。

　　为了便于直观理解本方案户型的灵活可变，我们设想了一对青年夫妻从买房，到生二胎，到孩子需要独立空间，再到子女搬出，父母在家养老的故事构架。通过不同阶段对原始户型不断调整，满足这个家庭不同阶段的需求，从侧面表明了住宅户型设计的全生命周期以及形态多元化的理念。

围护结构拼装示意图

墙体分类组装

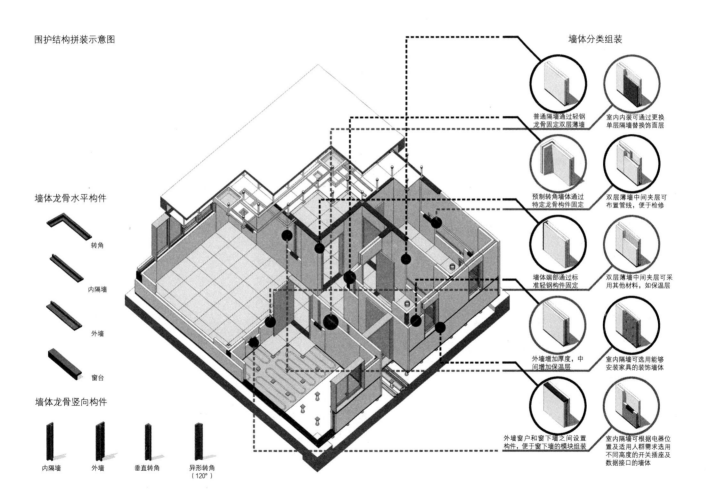

墙体龙骨水平构件

转角

内隔墙

外墙

窗台

墙体龙骨竖向构件

内隔墙　外墙　垂直转角　异形转角
（120°）

普通隔墙通过轻钢
龙骨固定双层薄墙

室内内装可通过更换
单层隔墙替换饰面层

预制转角墙体通过
特定龙骨构件固定

双层薄墙中间夹层可
布置管线，便于检修

墙体端部通过标
准轻钢构件固定

双层薄墙中间夹层可采
用其他材料，如保温层

外墙墙加厚度，中
间增加保温层

室内隔墙可选用能够
安装家具的装饰墙体

外墙窗户和窗下墙之间设置
构件，便于窗下墙的模块组装

室内隔墙可根据电器位
置及适用人群需求选用
不同高度的开关插座及
数据接口的墙体

5 技术方案

为了提高住宅的灵活可改性，增加菜单各部品之间组合拼装的可行性，本方案选用了相关的工业化技术，主要涉及围护结构的快速安装、设备管线的灵活布置、结构支撑体与填充体灵活组合等方面。

关于围护结构的填充，本设计提出了一种新型的墙体构造，将传统墙体改为双层轻质隔墙，中间预留空气间层。

这种构造能够将墙体进行模数化生产并快速组装，且双层隔墙能够根据不同面的功能要求进行更新，如插座位置调整、室内装饰更新、局部安置家具模数墙等。中间的空气间层也是户型灵活变化的重要方面，可以在夹层中根据需求设置特殊构造层，如额外保温层；同时户内管线也布置在夹层中，可以灵活改变管线位置且便于检修。对于建筑外墙，通过增加墙体的构造厚度，提供保温隔热隔声等性能。

要在后期调整住宅的功能布局，难免要重新布置管线，其中的难点在于上下水管走线的变化。

方案采用同层排水，这样户型内的变化对其他单元的影响较小。而实现同层排水的途径有多种，在本设计中选择了干湿分区，湿区进行结构降板形成夹层来布置上下水及其他管线，所有厨卫空间都限定在湿区内部进行移动和更换，方便管线的接通。这一技术应用很好地解决了户型变化对于管线布置的影响，为方案理念提供了切实可行的技术支持，同时局部降板没有浪费室内空间的高度。每户独立的管线系统通过北向外廊设置的接口进行连接，根据户型大小及管线出口位置，灵活连接与断开。

在结构体系施工时，楼板结构根据600mm的模数预留了连接件，这些均匀分布的预埋件是为填充体进行填充时提供连接与固定，包括楼板、隔墙和吊顶。楼板和吊顶分别通过地脚螺栓和顶棚连接件固定地板和吊顶，同时也能够固定隔墙的轻钢龙骨结构，从而安装新型墙体。

垂直绿化模块

燃气及用水管道

吊顶模块及组装

结构降板

架空地板

立面构件

外墙构造

户外管线接口

室内墙体

6 结语

在社会人口老龄化的大背景下，本设计以"生长的家"为概念，以期提出住宅全生命周期内的长效机制，满足从个体、夫妻、核心家庭到老年家庭的适应性改造。重点研究老年人的特殊需求，从安全性、便捷性、特殊照料等方面提出住宅的适老改造方向。

通过建立菜单式部品及构件体系，让住户能够参与到自己居住空间的设计建造之中，按需定制理想户型，同时菜单体系也加强了使用者对设计的介入，满足不同人群对居住空间的需求。

在技术层面上，将现有适宜的技术应用到方案中，同时提出了新型工业化墙体构造，实现了开放住宅灵活调整填充体的可行性。

相关研究人员与文献

理论概述：

[1] 周静敏，苗青，司红松，汪彬．住宅产业化视角下的中国住宅装修发展与内装产业化前景研究 [J]．建筑学报，2014（07）：1-9．

[2] 苗青，周静敏，司红松．我国住宅工业化体系发展浅析 [J]．住宅科技，2015（07）：19-23．

[3] 苗青，周静敏，陈静雯．开放建筑理念下的欧洲住宅建筑设计的建造特点 [J]．住宅产业，2016（04）：18-25．

[4] 周静敏，苗青．我国工业化住宅的设计和建造探索（上）——初期尝试与活力 [J]．住宅产业，2016（07）：10-15．

[5] 周静敏，苗青．我国工业化住宅的设计和建造探索（下）——可持续发展与住宅工业化 [J]．住宅产业，2016（08）：41-45．

方案设计：

1+N 宅：

[6] 诸梦杰，周静敏．1+N 宅——开放建筑体系下的可变住宅设计 [J]．建筑技艺．

乐活谷 LOHAS：

[7] 王懿珏，张丹，陈静雯．乐活谷 LOHAS：开放型青年社区的内装体系研究——基于 SI 住宅体系的工业化住宅小区设计（上）[J]．城市空间设计，2015（04）：61-67．

[8] 陈静雯，张丹，王懿珏．乐活谷 LOHAS：开放型青年社区的内装体系研究——基于 SI 住宅体系的工业化住宅小区设计（下）[J]．城市空间设计，2015（04）：102-110．

商住进化论：

[9] 张淑菁，周静敏．商住进化论——开放建筑体系下的工业化住宅设计 [J]．建筑技艺，2018（05）：98-105．

碎片整理：

[10] 伍曼琳，姚严奇，顾闻，姜鸿博，胡苇．碎片整理——工业化住宅理论及其对租住人群未来居住模式的启示 [J]．建筑技艺，2017（03）：76-81．

E·HOUSE：

[11] 张理奥，周静敏．E·HOUSE——基于开放建筑体系的互联网住宅系统 [J]．建筑技艺，2018（05）：106-112．

多核生长：

[12] 公维杰，周静敏．多核生长——对住宅发展的一种新探索 [J]．建筑技艺．

W&L 户型融合：

[13] 卫泽华，明磊，卜梅梅，周静敏．开放住宅下的青年居住模式设计探讨——基于开放建筑理论的工业化住宅设计（上）[J]．住宅科技，2017，37（04）：1-6．

[14] 卫泽华，周静敏，袁正，郝志伟．青年公寓的户型可变设计与技术应用探索——基于开放建筑理论的工业化住宅设计（下）[J]．住宅科技，2017，37（05）：1-7．

生长的家：

[15] 黄杰，周静敏，贺永，许逸敏，李丽泽，韩宇青．生长的家：开放住宅及适老性设计探索——基于 SAR 理论的适老性住宅设计（上）[J]．城市空间设计，2016（03）：110-117．

[16] 周静敏，黄杰，贺永，许逸敏，李丽泽，韩宇青．生长的家：菜单式适老性住宅设计研究——基于 SAR 理论的适老性住宅设计（下）[J]．城市空间设计，2016（04）：111-119．